Ahamada Zziwa

Uma abordagem de ensaio não destrutivo da madeira para países em desenvolvimento

Ahamada Zziwa

Uma abordagem de ensaio não destrutivo da madeira para países em desenvolvimento

Um passo para a utilização sustentável e racional da madeira no sector da construção

ScienciaScripts

Cover image: www.ingimage.com

This book is a translation from the original published under ISBN 978-3-659-81341-2.

Publisher:
Sciencia Scripts
is a trademark of
Dodo Books Indian Ocean Ltd. and OmniScriptum S.R.L publishing group

120 High Road, East Finchley, London, N2 9ED, United Kingdom
Str. Armeneasca 28/1, office 1, Chisinau MD-2012, Republic of Moldova, Europe
Printed at: see last page
ISBN: 978-620-8-14881-2

ÍNDICE DE CONTEÚDOS

Lista de abreviaturas

AS/NZS	Australian New Zealand Standard
ASTM	American Society for Testing and Materials
BS	British Standards
CAES	College of Agricultural and Environmental Sciences
CEDAT	College of Engineering, Design, Art and Technology
CSIRO	Australia's Commonwealth Scientific and Industrial Research Organisation
CSRDO	Constructional Steel Research and Development Organization
EJSDT	Eucalyptus juvenile small diameter timber
EMC	Equilibrium Moisture Content
FSP	Fibre Saturation Point
ISO	International Organisation for Standardization
LDCs	Least Developed Countries
MC	Moisture Content
MOE [E]	Modulus of Elasticity
MOI	Moment of Inertia
MOR [σ_b]	Modulus of Rupture
MSR	Machine Stress Rating
NDE	Non-Destructive Evaluation
NDT	Non-Destructive Testing
NFA	National Forestry Authority
NORAD	Norwegian Agency for Development
P_{5mm}	Non-destructive load corresponding to a deflection of 5mm
SCS	Small Clear Specimens
SG	Strength group
SPGS	Sawlog Production Grant Scheme
SSS	Structural Size Specimens
UCS	Ultimate Compressive Stress
UIPE	Uganda Institution of Professional Engineers
UNBS	Uganda National Bureau of Standards
URA	Uganda Revenue Authority
USDA	United States Department of Agriculture
UTM	Universal Testing Machine

Agradecimentos

Agradece-se à Agência Norueguesa para o Desenvolvimento (NORAD) e à Carnegie Corporation of New York pelo financiamento do estudo de doutoramento que contribuiu para a informação contida neste livro. Agradece-se ao pessoal técnico do Laboratório de Estruturas e da oficina de Engenharia Mecânica da Faculdade de Engenharia, Design, Arte e Tecnologia (CEDAT) da Universidade de Makerere e do Laboratório de Ciência da Madeira da Faculdade de Ciências Agrárias e Ambientais (CAES) da Universidade de Makerere pela assistência técnica nas experiências laboratoriais. As críticas construtivas e as valiosas contribuições dos revisores anónimos são reconhecidas com gratidão. À minha família, agradeço a vossa perseverança e o vosso apoio intransigente durante este trabalho.

Prefácio

A madeira é um material biológico cujas propriedades variam consoante a espécie, a idade e as condições de crescimento. Existe também variabilidade nas propriedades da madeira dentro da mesma espécie e mesmo dentro de uma árvore devido à natureza ortotrópica da madeira. Assim, a utilização sustentável de uma diversidade de espécies de madeira requer informação prévia sobre a sua qualidade de resistência, o que é feito predominantemente com recurso a meios destrutivos, especialmente nos países menos desenvolvidos (PMD). Em alguns PMD, a seleção e a utilização da madeira baseiam-se em mecanismos de classificação visual que são também subjectivos, na medida em que a classificação da madeira depende do momento em que o utilizador se desloca ao ponto de venda da madeira. Por conseguinte, este livro apresenta uma abordagem para ultrapassar a classificação subjectiva da madeira, nomeadamente: uma técnica de ensaio não destrutiva para prever as propriedades de flexão da madeira.

CAPÍTULO 1:

UMA REVISÃO DA CARACTERIZAÇÃO DA RESISTÊNCIA DA MADEIRA

1.1 Introdução

A madeira tem excelentes propriedades de fadiga e resistência, sendo considerada um material de construção promissor mesmo nos países desenvolvidos (Mishnaevsky *et al.*, 2009). As vantagens da madeira como material são o facto de ser amiga do ambiente, renovável, relativamente barata e facilmente disponível, especialmente nas regiões tropicais. Além disso, a madeira não requer tecnologias complexas de moldagem e maquinagem. No entanto, a madeira é um material de construção complexo devido à sua heterogeneidade e diversidade de espécies. Johansson (2000) observou que a madeira, enquanto material de construção, não tem propriedades consistentes, previsíveis, reproduzíveis e uniformes. As propriedades de resistência da madeira variam consoante a espécie, a idade, o local e as condições ambientais; assim, a sua utilização como material de construção deve ter em consideração esta singularidade. O Uganda é dotado de uma variedade de espécies de árvores nas suas florestas naturais e, nos últimos anos, tem-se registado um aumento no estabelecimento de espécies de árvores exóticas como o pinheiro e o eucalipto em plantações.

Com a sobre-exploração e a escassez de espécies de madeira tradicionalmente utilizadas na construção civil, como o mogno e *a Milicia excelsa* (Mvule), existe uma diversidade de espécies anteriormente impopulares no mercado (Zziwa, 2004). Apesar da sua abundância, a madeira tem sido subutilizada como material de construção devido à sua aparente falta de fiabilidade (Nolan, 1994). Nos casos em que foram feitas tentativas para utilizar madeira disponível localmente como material de construção no Uganda, há pouca ou nenhuma prova documentada da sua integridade estrutural (Kityo e Plumptre, 1997; Zziwa *et al.,* 2006b). O projeto de estruturas de madeira no Uganda tem-se baseado em normas estrangeiras adoptadas ou adaptadas, tais como a BS 5268:1999 & 1998 sobre a utilização estrutural da madeira e a BS 6399:1996 sobre o carregamento; procedimentos prescritivos; e pressupostos conservadores (Zziwa *et al.*, 2006b; Zziwa *et al.*, 2009).

Relatórios anteriores do antigo Departamento Florestal do Uganda (trabalhos de Plumptre e Tack na década de 1960) sobre as propriedades de resistência das madeiras do Uganda apresentavam propriedades mecânicas de madeiras que eram então utilizadas para a construção de edifícios na década de 1960 (Tack, 1969). De facto, alguns projectistas de estruturas de madeira no Uganda estão a utilizar os dados de resistência destes relatórios, mas as fontes apenas abrangem as propriedades de resistência das madeiras que estavam no mercado na década de 1960 (Tack, 1969). Isto implica que podem estar em falta dados relativos a espécies recém-chegadas ao mercado. A falta de dados sobre a resistência das madeiras do Uganda pode afetar o seu valor de mercado ou levar à sua desconfiança como material de construção. Foram efectuados poucos estudos sobre a propriedade da madeira para orientar a utilização e o comércio da madeira no Uganda. A avaliação da resistência da madeira tem-se baseado principalmente em ensaios destrutivos de pequenos espécimes claros, dispendiosos e demorados, pelo que não permite uma compreensão clara da madeira estrutural, que contém inevitavelmente caraterísticas que reduzem a resistência. Em geral, a investigação tem-se concentrado em algumas espécies de árvores, como o eucalipto e o pinheiro. Os principais indicadores da resistência da madeira, como a rigidez à flexão e a resistência à flexão, não foram investigados em profundidade. Em vez disso, a tónica tem sido colocada na densidade, que, infelizmente, tem sido relatada como um fraco substituto da resistência (Tsehaye *et al.,* 2000). Esta é, em parte, a razão pela qual os utilizadores de madeira ainda não aceitaram totalmente as espécies de madeira menos conhecidas, particularmente para aplicações estruturais (Zziwa *et al.*, 2006b; Zziwa *et al.*, 2011).

Nos poucos estudos realizados, foram utilizadas poucas amostras e a análise dos dados limitou-se à determinação de estatísticas descritivas, tais como médias, que podem ter uma aplicabilidade limitada no sector da construção. O efeito dos defeitos, que poderia ser verificado através de ensaios de amostras de dimensões estruturais, avaliação não destrutiva (NDE) e modelação numérica, ainda não foi explorado. Além disso, foram efectuadas poucas tentativas de investigação para classificar as madeiras com base na resistência e não na densidade. À escala global, a investigação sobre a utilização da madeira e dos seus compósitos tem sido efectuada há mais de 50 anos para satisfazer a procura crescente de melhor qualidade. A necessidade de regulamentos baseados no desempenho, o desenvolvimento de novos produtos de engenharia para satisfazer a exigência de utilização sustentável dos recursos e as inovações para fazer face às alterações nos regulamentos governamentais e competir favoravelmente com materiais novos e comprovados estão a ser enfatizados (Serrano, 2000; Leicester, 2002). Como resultado, a utilização da madeira em países como a Austrália, a Suécia e o Canadá está a mudar para a utilização de materiais compostos, para além da utilização de híbridos de crescimento mais rápido, como os clones de eucalipto (Santos e Pinho, 2004). No Uganda, em particular, foi efectuada uma investigação limitada sobre a adequação estrutural dos compósitos de madeira-cimento (Zziwa *et al.*, 2006a).

A avaliação da resistência da madeira em países como a Austrália, com medidas rigorosas de controlo de qualidade, também passou de abordagens destrutivas proibitivamente dispendiosas e demoradas para a utilização de técnicas mais rápidas e mais baratas de NDE e de modelização (Bill *et al.*, 2004; Mackenzie *et al.*, 2005; Green *et al.*, 2006). Enquanto a investigação nos países avançados se tem centrado na utilização de abordagens de avaliação não destrutiva da resistência para melhorar a utilização da madeira, a garantia de qualidade para a satisfação do consumidor e para assegurar a integridade estrutural dos projectos de madeira; a investigação limitada sobre a madeira no Uganda, baseada em técnicas destrutivas, tem sido para comparação de espécies. No Uganda, ainda não foram exploradas abordagens rápidas para prever a resistência da madeira, mas estas ajudariam os comerciantes de madeira e os consumidores a ter uma ideia da qualidade da madeira nos pontos de venda. Esta é provavelmente a razão pela qual os utilizadores preferem madeiras com antecedentes comprovados, uma prática que infelizmente exerce pressão sobre espécies de madeira bem conhecidas, levando à sua escassez e a preços anormalmente elevados. A natureza dinâmica do ambiente de construção, associada ao crescimento da população e à diminuição dos recursos de madeira a nível mundial, exige investigação sobre a utilização óptima de várias espécies de árvores com procedimentos de controlo de qualidade (Leicester, 2002; Mackenzie *et al.,* 2005). A investigação deve, por conseguinte, abordar questões emergentes como a regulamentação baseada no desempenho e a utilização sustentável de recursos de madeira limitados.

1.2 Utilização estrutural da madeira no Uganda

A madeira utilizada no sector da construção é classificada principalmente pelo nome da espécie e pela dimensão nominal serrada. Caracteriza-se por dimensões variáveis, com desuniformidade na espessura, largura e comprimento; e com arestas não paralelas. Odokonyero (2005) atribuiu a imprecisão das dimensões da madeira serrada às más condições das serras e ao mau acabamento. A tendência geral no sector da construção é a aplicação de dimensões semelhantes de madeira com propriedades de resistência diferentes. A utilização estrutural da madeira baseia-se principalmente em procedimentos prescritivos e na disponibilidade, mais do que no conhecimento das propriedades (Zziwa *et al.,* 2006a; Zziwa *et al.,* 2006b). Várias categorias de pessoas, a maioria das quais não qualificadas, estão envolvidas no mercado livre da madeira como serradores e comerciantes de madeira a vários níveis de operação. Não existem regras e regulamentos rigorosos no que diz respeito à qualidade da madeira e ao preço nos pontos de venda comerciais de madeira; o comércio de madeira baseia-se no entendimento mútuo entre o comprador e o vendedor (Figura 1), que também é afetado pela qualidade fornecida.

Figura 1: A situação dos depósitos de madeira no Uganda

Esta abordagem não avalia adequadamente a resistência da madeira. A maioria dos clientes não está interessada em medidas de garantia de qualidade, embora alguns possam estar conscientes do seu impacto na integridade estrutural. A Autoridade Florestal Nacional (NFA), a UNBS e a Instituição de Engenheiros Profissionais (UIPE) não criaram mecanismos para garantir a manutenção da qualidade na cadeia de produção e utilização da madeira (Zziwa *et al.*, 2006b). Tem havido um grande interesse em temperar, maquinar e tratar com conservantes para aumentar a durabilidade e a qualidade das estruturas de madeira. Bill *et al.* (2004) observaram que é desejável classificar com precisão a madeira de acordo com a sua qualidade estrutural no momento da comercialização e da construção para garantir materiais de construção fiáveis e duráveis. Assim, as tentativas de estabelecer uma ligação entre a investigação e a utilização da madeira devem começar pela verificação da resistência da madeira.

Figura 2: Madeira em conjunção com suportes de aço utilizados como viga

No Uganda, a madeira é utilizada de várias formas, quer como madeira serrada (Figura 3 e 4b), quer como madeira redonda (Figura 3a).

Figure 3a: Scaffolding in a Storied Structure

Figure 3b: Roof Truss

Figura 3: Utilização de madeira redonda como andaime e de madeira serrada para a construção de uma treliça de telhado

As figuras 2 e 3 destinavam-se a captar o estado atual dos estaleiros de madeira no Uganda e as aplicações estruturais comuns da madeira no sector da construção civil, com o objetivo de apresentar provas visuais e uma melhor comunicação.

1.3 Anterior Estudos de resistência da madeira no Uganda

No Uganda, foram efectuados estudos sobre as propriedades da madeira para determinar a densidade, a flexão estática, a resistência à clivagem e à compressão de *Pinus caribaea, Pinus kesiya, Pinus oocarpa, Maesopsis eminii, Cynometra alexandri, Celtis gomphophylla*; *Antiaris toxicaria, Celtis mildbraedii, Alstonia boonei*, e *Eucalyptus grandis* (Odokonyero, 1998; Mugabi *et al*, 2005; Magembe 2004; Galabuzi, 2004 e Zziwa *et al.*, 2006b; Yiga, 2008; Sseremba, 2010). Mulokwe (2005) verificou que houve um aumento significativo da resistência à compressão final da madeira juvenil de pequeno diâmetro de eucalipto (EJSDT) revestida de aço compósito em comparação com a madeira não reforçada. Foram efectuados estudos limitados de resistência à tração, principalmente em EJSDT, devido à complexidade da preparação das amostras (Buteme, 2007). Em todos estes estudos, foram utilizadas menos amostras, o que pode ter afetado os resultados. A investigação sobre a madeira na Tanzânia incidiu principalmente nas propriedades de espécies de árvores menos conhecidas, por exemplo *Pinus patula, Cupressus lusitanica* e *Brachylaena huillensis* (Ishengoma e Gillah, 1992; Ishengoma *et al.*, 1994; Ishengoma *et al.*, 1997 e Ishengoma *et al.*, 1998).

De um modo geral, a investigação no domínio da madeira tem-se concentrado num pequeno número de espécies de árvores. Não foram efectuadas quaisquer tentativas para classificar as madeiras com base na resistência. A investigação tem-se baseado principalmente em ensaios SCS e, por conseguinte, não dá uma imagem clara da madeira estrutural, que contém inevitavelmente caraterísticas que reduzem a resistência. As formas e as causas da variação das propriedades dentro das árvores, entre árvores e entre espécies também foram investigadas. Os investigadores também não exploraram indicadores importantes da resistência da madeira, como a rigidez à flexão (E) e a resistência à flexão (f_b). Foi efectuada uma investigação elementar sobre a densidade da madeira, que tem sido considerada como um fraco substituto da resistência (Tsehaye *et al.*, 2000). Os investigadores da região não exploraram abordagens não destrutivas para estimar a resistência da madeira estrutural.

1.4 Tendências globais de investigação em engenharia da madeira

Há mais de 50 anos que se faz uma investigação aprofundada sobre a utilização da madeira e dos seus compósitos, porque o ambiente em que a madeira é utilizada está em constante mudança, com uma procura crescente de qualidade e quantidade (Leicester, 2002). Nos países desenvolvidos, a ênfase tem sido colocada na regulamentação baseada no desempenho, na inovação e no desenvolvimento de novos produtos de engenharia para satisfazer a exigência de utilização sustentável dos recursos (Serrano, 2000; Leicester, 2002). A utilização da madeira nestes países passou a ser feita com recurso a materiais compósitos, para além de híbridos de crescimento mais rápido, como os clones de eucalipto (Santos e Pinho, 2004). A avaliação da resistência da madeira nestes países também passou das abordagens destrutivas proibitivas, dispendiosas e demoradas para técnicas não destrutivas mais rápidas, como a avaliação ultra-sónica e a modelação numérica (Green, 1997; Bill *et al.*, 2004; Mackenzie *et al.*, 2005).

1.5 Propriedades da madeira

1.5.1 Propriedades físicas da madeira

Num sentido lato, as propriedades físicas incluem as caraterísticas da madeira que definem a sua natureza física como material. O teor de humidade (CM) e a densidade (por vezes referida como gravidade específica) são as duas propriedades físicas mais importantes da madeira que têm um impacto na sua resistência e, consequentemente, na sua utilização como material de construção. Deve notar-se que os termos gravidade específica e densidade são muitas vezes utilizados indistintamente.

Gravidade específica

Devido à variação da densidade da madeira com a MC, atribuída ao facto de a madeira ser composta por volume vazio e paredes celulares, a gravidade específica da madeira é sempre calculada utilizando a sua massa seca em estufa. Assim, ao contrário da massa volúmica, a densidade específica, que não é afetada pela MC da madeira, é geralmente considerada um parâmetro mais fiável nos estudos de resistência. A resistência da madeira isenta de defeitos, bem como a sua rigidez, aumentam com a densidade e o mesmo acontece com a massa volúmica. A qualidade da madeira e as propriedades de resistência dependem principalmente da sua densidade e, na maioria dos casos, a madeira mais pesada, medida pela densidade, é mais forte. Existe uma relação linear entre a densidade e as propriedades mecânicas da madeira, como a resistência à flexão, a tenacidade, a resistência ao corte, o módulo de elasticidade e o módulo de rutura. Bowyer *et al.* (2003) observaram que as propriedades mecânicas não são todas afectadas da mesma forma pelas alterações de densidade. Kityo e Plumptre (1997) classificaram as madeiras do Uganda com base na densidade, como mostra o Quadro 1 abaixo.

Quadro 1: Classificação da madeira com base na densidade

Classe de madeira	Gama de densidades
Construção pesada	$\geq$ 720kg/m^3 ,
Construção média	480 - 720kg/m^3
Construção ligeira	400 - 479kg/m^3
Densidade muito baixa	< 400kg/m^3

Adaptado de Kityo e Plumptre (1997)

A densidade na investigação da madeira é indefinida porque o peso da madeira num determinado volume muda com a contração e o inchaço que se seguem a uma mudança no teor de humidade (Lavers, 1993). Assim, durante o ensaio padrão da madeira, é universalmente aceite que a densidade é determinada com base no volume da madeira no momento do ensaio e no seu peso seco em estufa. A densidade básica é preferida às densidades seca ao ar e verde porque as condições de peso seco em estufa e volume verde são reprodutíveis (Desch e Dinwoodie, 1996). O volume verde da madeira é geralmente obtido pelo método da deslocação da água, baseado no princípio de Arquimedes, enquanto a massa seca na estufa é medida utilizando uma balança. Uma vez que a densidade varia consideravelmente, não só entre espécies, mas também dentro de árvores individuais da mesma espécie, o seu valor é encontrado de forma fiável utilizando métodos de desvio padrão e traçando curvas Gaussianas (Carmichael, 1984). A densidade é geralmente mais baixa na área de madeira juvenil perto da medula e mais alta perto da casca; no entanto, não é difícil encontrar desvios deste padrão habitual (Ishengoma e Gillah, 1992; Bengtsson, 1999). Assim, no caso das resinosas, os espécimes devem estar isentos de "cerne" e, no caso das folhosas, os espécimes devem estar isentos de "cerne quebradiço" (ASTM D 143-94: 2000).

Teor de humidade

Acima do ponto de saturação das fibras (FSP) de cerca de 25% de teor de humidade (MC), não há uma redução significativa da resistência da madeira; em vez disso, a resistência e as propriedades elásticas da madeira aumentam com a diminuição do teor de humidade abaixo do ponto de saturação das fibras (Desch e Dinwoodie, 1996). A interação madeira-humidade é um fator decisivo para o comportamento das estruturas de madeira, porque a madeira se equilibra numa vasta gama de teores de humidade em serviço e as variações do teor de humidade afectam a sua estabilidade dimensional e as suas propriedades de resistência (Kretschmann e Green, 1996). A madeira em estado não stressado sofre alterações dimensionais mais significativas na sequência de variações no seu teor de humidade do que na temperatura (Dinwoodie, 1981). O teor de humidade da madeira é determinado no momento do ensaio para permitir o ajustamento dos valores de resistência aos seus equivalentes no teor de humidade de equilíbrio (EMC) encontrado em serviço (Carmichael, 1984). O método mais exato para determinar o teor de humidade em conformidade com os procedimentos da norma ISO 3130 (1975a) é o método de secagem em estufa. Este método envolve a pesagem da amostra antes e imediatamente após a secagem em estufa a 103±2°C até massa constante.

Temperatura e humidade

A temperatura e a humidade relativa afectam conjuntamente a resistência da madeira, fixando a sua EMC. Geralmente, verifica-se uma redução da resistência com o aumento da temperatura para a maioria das propriedades de resistência, exceto para a resistência ao choque (Lavers, 1993). Os efeitos da temperatura são temporais ou permanentes; a exposição de curta duração a temperaturas inferiores a 95°C resulta em efeitos temporais reversíveis (Ishengoma e Nagoda, 1991). Os efeitos da temperatura nas propriedades de resistência da madeira também dependem das variações de MC. Por isso, os ensaios de propriedades de resistência devem ser realizados a temperaturas e humidade relativa moderadas. Lavers (1993) observou que o procedimento de citar valores secos ao ar a uma humidade constante de 65 ± 3% e temperaturas de 20 ± 3°C em vez de MC constante é recomendado com base no facto de as madeiras não terem o mesmo EMC sob as mesmas condições de temperatura e humidade. Isto proporciona uma base para comparar a resistência das espécies, uma vez que, na utilização, as condições de exposição podem ser semelhantes e não o teor de humidade.

1.5.2 Propriedades mecânicas da madeira

As propriedades mecânicas referem-se às propriedades de resistência da madeira. As propriedades de resistência da madeira são uma expressão do seu comportamento em relação a tensões e deformações externas. O requisito básico para qualquer material utilizado em aplicações estruturais é uma resistência suficiente para garantir o nível desejado de segurança estrutural (Kliger, 2000). As propriedades mecânicas mais frequentemente medidas e representadas como "propriedades de resistência" para o projeto incluem o módulo de rutura (f_b), o módulo de elasticidade (MOE), a tensão máxima de compressão paralela ao grão, a tensão de compressão perpendicular ao grão, a tensão paralela ao grão, a resistência ao corte e a resistência à clivagem paralela ao grão. O módulo de rutura é também referido como a resistência à flexão da madeira, enquanto o MOE é também referido como rigidez.

O quadro 2 resume algumas das propriedades de resistência mais importantes da madeira e as suas aplicações estruturais.

Tabela 2: Parâmetros de resistência da madeira e suas aplicações estruturais

Propriedade de resistência	**Aplicação estrutural**
Resistência à flexão (f_b) Módulo de elasticidade (MOE)	Determina a carga máxima que uma viga pode suportar Mede a resistência à flexão, diretamente relacionada com a rigidez de uma viga, e é também um fator de resistência de uma coluna longa
Cisalhamento paralelo ao grão	Determina a capacidade de carga de vigas curtas, que sofrem cisalhamento
Resistência à tração paralela ao grão	Importante para o elemento inferior (corda) numa treliça de madeira e na conceção de ligações entre elementos estruturais
Resistência à compressão paralela ao grão	Determina a carga que as colunas, postes e escoras irão suportar

Adaptado de Bowyer *et al.* (2003)

A qualidade da madeira, do ponto de vista do engenheiro estrutural, significa madeira com uma elevada rigidez, um atributo que é mais importante para elementos de flexão como vigas, vigotas e madres (Tsehaye *et al.*, 1995a; Firmanti *et al.*, 2005). A rigidez da madeira, medida como MOE, é uma propriedade fundamental da madeira serrada estrutural (Kumar *et al.*, 2006). As vigas de madeira são geralmente concebidas para esforços de flexão e depois verificadas quanto ao corte e à deformação. A elevada rigidez permite a utilização de um mínimo de material e de um peso reduzido na conceção de mobiliário e de produtos de engenharia. O MOE é utilizado nos cálculos de projeto de madeira estrutural para estimar a deflexão dos elementos de flexão e como parâmetro nos cálculos relativos à encurvadura. A resistência à flexão e a resistência à compressão paralela ao grão são as duas medidas de resistência da madeira normalmente utilizadas. O conhecimento da resistência à tração na fase de projeto é importante para os elementos de tração, tais como os tirantes nas asnas de telhado, mas o ensaio de tração raramente é realizado, uma vez que a quantidade de madeira carregada em tração em condições de serviço é bastante reduzida.

1.5.3 Variação das propriedades da madeira

A madeira é um material anisotrópico, com propriedades mecânicas únicas e independentes nas direcções dos três eixos mutuamente perpendiculares: longitudinal, radial e tangencial (Figura 4). Quando estes eixos estão sob tensão, reagem de forma diferente uns em relação aos outros e também em relação à natureza e direção da tensão (Thelandersson e Hansson, 1999; Katz *et al.*, 2008).

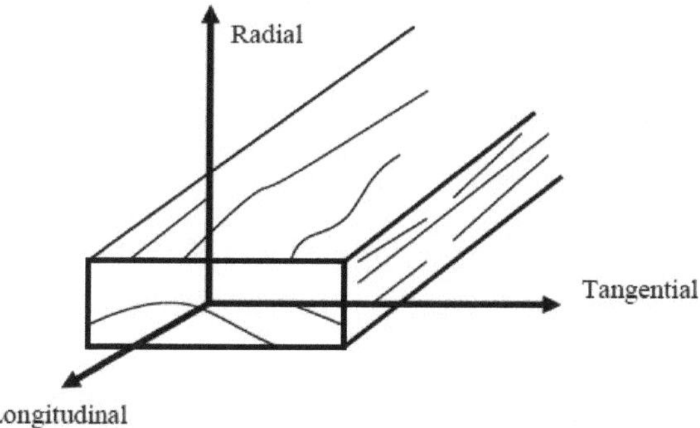

Figura 4: Eixos mutuamente perpendiculares na madeira - um material anisotrópico

As propriedades do material biológico também variam dentro das árvores, entre árvores, povoamentos e espécies e isto é atribuído a diferenças na idade e na composição genética. O padrão de anéis de crescimento anual é outra causa de variação nas propriedades do material lenhoso (Ishengoma *et al.*, 2004). As células tardias da madeira têm paredes espessas em comparação com as células precoces de paredes finas, o que provoca uma variação da densidade ao longo do anel anual. Biblis e Meldahl (2006) observaram que a juvenilidade tem um efeito maior na rigidez do que na resistência. Dentro das árvores, as propriedades podem variar na direção radial (da medula à casca) e na direção axial (ao longo do tronco da árvore). No entanto, é comum que a variação de árvore para árvore seja maior do que a variação entre povoamentos (Lavers, 1993). As caraterísticas naturais de crescimento, os defeitos e o teor de humidade também contribuem para a variabilidade das propriedades de resistência da madeira (Fujimoto *et al.*, 2006). Quando comparada com outros materiais estruturais, como o aço e o betão, a madeira estrutural apresenta uma variabilidade consideravelmente mais elevada das propriedades de resistência, tanto no interior como entre elementos (Hansson, 2001). Nalguns estudos, a variabilidade do material de madeira exige a correspondência de espécimes, mas Bengtsson (1999) observou que, mesmo nessas situações, o comportamento da matéria-prima de madeira pode ser diferente para dois espécimes pequenos, mesmo que tenham sido cortados um ao lado do outro. Por conseguinte, a utilização eficiente da madeira como material de construção requer um conhecimento prévio da forma e das causas da variação das suas propriedades e, ao preparar os provetes de ensaio, esta variação deve ser considerada.

Os defeitos afectam a resistência da madeira e resultam em variações nas propriedades, mas os nós são os principais defeitos que reduzem a resistência. Tanto a grã inclinada como os nós são caraterísticas naturais da madeira que são consideradas como defeitos do ponto de vista estrutural. A influência dos nós deve-se principalmente à interrupção da continuidade e à mudança de direção das fibras da madeira em torno do nó. Devido à sua natureza, os nós deslocam a madeira clara, provocando a distorção das fibras da madeira e causando concentrações de tensões na madeira (Bowyer *et al.*, 2003). A influência de um nó no desempenho estrutural da madeira depende do tamanho, da localização e da forma do nó, bem como do desvio da grã à volta do nó e do tipo de tensão a que o elemento de madeira está sujeito (USDA, 1999; ASTM, 1999). Os nós têm um efeito muito maior na resistência à tensão axial do que na compressão axial e o efeito na flexão é um pouco menor do que na tensão axial. Twinomuhangi (2005) observou que, provavelmente, a utilização da madeira em obras de construção pesada tem sido limitada devido à resistência variada e limitada da madeira resultante dos defeitos naturais da madeira. A grão cruzado também leva à redução da resistência, uma vez que as fibras correm num ângulo em relação ao eixo principal. Por exemplo, o valor da resistência N num ângulo,0 em relação ao grão de uma determinada propriedade, por exemplo, a rigidez, é dado pela fórmula de Hankinson como,

$$N = \frac{PQ}{\left(P\,Sin^2\theta + Q\,Cos^2\theta\right)}$$

Onde P é a propriedade medida ao longo do grão e Q é a propriedade medida perpendicularmente ao grão. Outros defeitos, como a madeira de reação, também aumentam a variabilidade das propriedades dos materiais da madeira. Johansson (2000) observou variações significativas nos valores medidos dos coeficientes de retração, MOE e densidade de amostras de abeto contendo madeira de compressão. Neste contexto, recomenda-se a utilização de amostras sem defeitos em todos os testes laboratoriais da SCS.

Carregamento

A madeira é um material visco-elástico e, como tal, o seu comportamento mecânico, tanto durante a experimentação como em serviço, será sensível à taxa de carga. A duração da tensão num pedaço de madeira afecta a magnitude da carga que este pode suportar. Todas as propriedades de resistência da madeira são afectadas pela taxa de deformação; a resistência à flexão é a mais afetada (Ishengoma e Nagoda, 1991). Os autores observaram que o aumento das taxas de aplicação de carga resultava num aumento dos valores de resistência, sendo o aumento na madeira verde 50% superior ao da madeira com um teor de humidade de 12%. Isto é atribuído ao facto de a parede celular reagir ao stress simultaneamente de uma forma elástica e plástica (Dinwoodie, 1981). Durante períodos muito curtos sob carga, a deformação é inteiramente de natureza elástica e, com o aumento do tempo de carga, a plasticidade da madeira modifica a deformação. Assim, durante os ensaios de resistência, a direção de aplicação da carga em relação às três direcções principais deve ser considerada (Adamopoulos, 2002). Sob carga permanente, existe fluência, uma deformação dependente do tempo, caracterizada pelo aumento da deformação com o tempo. Ishengoma e Nagoda (1991) observaram que a maioria dos ensaios de resistência mecânica são referidos como valores de resistência estática e que estes são normalmente efectuados a taxas de carga destinadas a atingir a carga máxima em 5 minutos ou menos. Assim, é importante que um provete seja carregado a uma taxa de carga uniforme e recomendada, conforme prescrito nos procedimentos de ensaio padrão, para permitir a comparação de resultados de diferentes ensaios laboratoriais.

Comportamento Elástico-Plástico da Madeira

Deve também notar-se que as várias espécies de madeira se comportam de forma diferente às tensões, o que é explicado pela relação tensão-deformação (Figura 5). A madeira frágil não dá sinais de falha; a madeira dura e forte apresenta valores de resistência elevados, mas falha imediatamente após ter sido atingida a carga máxima; a madeira dura e resistente suporta cargas relativamente menores e pode suportar cargas razoáveis após o limite elástico, enquanto a madeira macia e resistente tem uma região elástica limitada e uma região pós-elástica alargada.

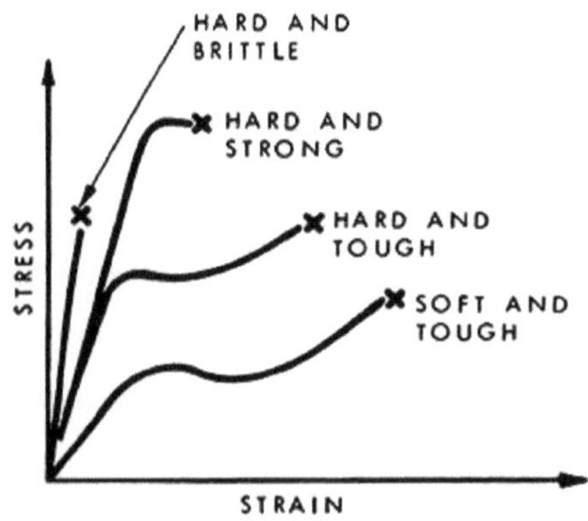

Figura 5: Gráficos típicos do comportamento elástico-plástico da madeira

(Fonte: http://www.nrc-cnrc.gc.ca/obj/irc/images/cbd/157f02e.gif)

1.5.4 Relações entre propriedades da madeira

As relações entre as propriedades da madeira são importantes para derivar as propriedades de projeto admissíveis e para aplicar as normas de projeto de engenharia existentes a novas espécies (Green e Rosales, 1996). Por exemplo, a relação entre o MOE e o MOR constitui a base para a classificação da maioria das madeiras submetidas a tensões mecânicas (MSR) nos Estados Unidos, onde a tensão de compressão final (UCS) paralela ao grão da madeira MSR é estimada a partir do MOR utilizando a fórmula;

$$\frac{UCS}{MOR} = 2.061\left(\frac{1}{MOR}\right) + 0.3376;$$ Se (MOR > 19,55Mpa)

$$\frac{UCS}{MOR} = 1.06;$$ Se (MOR < 19,55Mpa)

Além disso, as normas BS 5268 e BS5756 sobre tensões de grau e resistência à flexão para madeiras tropicais de folhosas utilizam a correlação positiva entre a resistência à flexão e a resistência à tração para estimar a resistência à tração das madeiras. A resistência à tração da madeira não é determinada diretamente, mas é normalmente derivada como 60% da tensão de flexão permitida paralela ao grão, com base em pequenos espécimes claros (Mettem, 1986). Ao derivar a tensão de tração encontrada no Código de Práticas da Malásia MS 544: Parte 2: 2001, a tensão de tração não foi determinada diretamente, mas foi considerada como 60% dos valores de resistência à flexão de pequenos espécimes transparentes (Ahmad *et al.*, 2010). Os valores do módulo de rutura são por vezes substituídos pela resistência à tração de pequenos pedaços de madeira clara de grão reto, uma vez que fb é considerado uma estimativa conservadora da resistência à tração (Ishengoma e Nagoda, 1991). No entanto, os estudos de Buteme (2007) observaram que esta última era uma abordagem bastante inadequada para derivar a resistência à tração de pequenos espécimes de madeira clara. Desch e Dinwoodie (1996) observaram que a tensão perpendicular ao grão raramente é realizada devido às dificuldades em obter a verdadeira tensão de tração na madeira e ao facto de ter pouco significado prático, uma vez que a maioria das falhas que ocorrem são falhas de clivagem com origem num lado e não falhas perpendiculares verdadeiras.

A ênfase na densidade como indicador absoluto da qualidade da madeira tem vindo a diminuir. A densidade é um mau substituto da rigidez, como resultado das baixas correlações entre o MOE e a densidade registadas em estudos anteriores (Tsehaye *et al.*, 1995b; Walker e Butterfield, 1996; McAlister *et al.*, 2000). A densidade da madeira, embora tenha algum significado na resistência da madeira, não é tão importante como a rigidez, que afecta o desempenho da madeira em utilização (Tsehaye *et al.*, 1998; Llic *et al.*, 2003). A rigidez é cada vez mais considerada como um melhor indicador de resistência, uma vez que é a caraterística que mais frequentemente governa o projeto de estruturas de madeira (Larsson *et al.*, 2004; Hansen *et al.*, 2004; Divos e Tanaka, 2005).

1.6 Avaliação da resistência da madeira

As propriedades da madeira são inferidas através de critérios de classificação visual, ensaios destrutivos e medições não destrutivas, como a flexão plana, a rigidez ou a densidade.

1.6.1 Avaliação da resistência destrutiva

Os métodos destrutivos de avaliação da resistência da madeira envolvem o ensaio de SCS ou SSS até à rotura. Os ensaios em SCS produzem resultados que representam a qualidade máxima da madeira sem defeitos, enquanto os ensaios em SSS reproduzem as condições reais de serviço. Apesar de ser um método mais económico em termos de tempo e material utilizado, os ensaios SCS ocultam o efeito dos defeitos. Assim, os resultados dos ensaios SCS devem ser reduzidos para ter em conta os defeitos, os efeitos do carregamento, o teor de humidade, as variações naturais e os factores de segurança (Grant *et al.* 1984).

Uma comparação das propriedades de resistência obtidas utilizando o SCS e o SSS mostra diferenças significativas, sendo os valores do SSS muito mais baixos, o que é atribuído principalmente a defeitos naturais. Apesar das suas fraquezas, o método estabelecido de derivação de tensões para o projeto estrutural tem sido a abordagem SCS porque permite a amostragem de árvores, a realização de experiências e a comparação dos efeitos do tratamento com amostras cortadas de tábuas mais pequenas (Mettem, 1986). O método também permite a avaliação da variação dentro da árvore, a comparação direta de madeira de diferentes espécies e permite a derivação de tensões de trabalho para novas espécies. Por outro lado, a abordagem SSS justifica-se no ensaio de madeiras estruturais de grande importância económica e na obtenção de dados para estabelecer limites para a classificação mecânica da madeira, particularmente em áreas onde a concorrência de mercado tem uma grande influência na especificação do valor do produto final (Green *et al.*, 2006). Isto explica a existência de mecanismos rigorosos de controlo da qualidade na América do Norte e na Europa para permitir a utilização de grandes volumes das poucas madeiras de coníferas de resistência relativamente baixa.

Os países em desenvolvimento que utilizam uma variedade de espécies de madeira de folhosas utilizam principalmente a abordagem de ensaio SCS para comparar espécies. Para compensar as incertezas associadas à abordagem SCS, os valores de projeto obtidos podem ser reduzidos em 25% na resistência e 15% na rigidez (Leicester, pers. Com, 2007). O fator de redução para o MOE é menor do que para o MOR, uma vez que é derivado na região elástica da relação tensão-deformação que pode ser reproduzida. Desta forma, os valores de projeto para as folhosas continuam a ser muitas vezes superiores aos das resinosas, pelo que a comercialização destas madeiras continua a ser muito competitiva. Jayawickrama (2001) observou que a utilização do SCS é um estimador tendencioso da resistência média da madeira serrada, uma vez que a média é influenciada pela variação dentro da árvore. A solução óptima pode ser a utilização de testes SCS combinados com testes SSS limitados, para chegar a uma relação de compromisso entre os dois. Por exemplo, a norma AS 2858 - madeira macia classificada visualmente para fins estruturais combina as propriedades de resistência do SCS da norma AS 2878 - classificação da madeira em grupos de resistência com definições de defeitos aceitáveis, tais como a inclinação do grão e o tamanho dos nós, e coloca depois a madeira em classes de tensão para obter madeira macia classificada visualmente para fins estruturais (AS/NZS 2878: 2000; AS 2858: 2004).

1.6. 2Avaliação não destrutiva da resistência

Com o avanço da tecnologia, estão a ser utilizadas abordagens de avaliação não destrutiva (NDE) que avaliam o material em tamanho real contendo defeitos para derivar a resistência da madeira (Bodig, 2001). As abordagens NDE envolvem a determinação do estado, das propriedades físicas e mecânicas de um material sem afetar a sua capacidade de aplicação final (Emerson *et al.*, 1999; Bill *et al.*, 2004; Istvan e Mahir, 2004). A classificação visual da madeira é talvez um dos métodos de END mais simples, em que é feita uma estimativa subjectiva da relação de resistência com base nos defeitos observáveis e, aplicando-a aos valores SCS, obtém-se um valor de resistência estimado (Kretschmann e Green, 1999). Contudo, a abordagem qualitativa é limitada, uma vez que o conhecimento se restringe à superfície exterior da madeira.

A deflexão é outra abordagem NDE utilizada principalmente com produtos do tipo madeira e postes, em que a deflexão é medida a uma carga segura a partir da qual a rigidez (E) é estimada (Wang *et al.*, 2000). Outras abordagens NDE sofisticadas baseiam-se na frequência de oscilação da vibração ou na transmissão da velocidade do som (Gonzalo *et al.*, 2009). Os investigadores no Uganda ainda não chegaram a este nível de tecnologia. A maioria das técnicas de END centra-se na deteção da presença de decaimento ou de defeitos naturais nos elementos estruturais. No entanto, a previsão da resistência de peças individuais com métodos indirectos envolve sempre alguma incerteza e erros de medição (Hanhijarvi *et al.*, 2005). No entanto, as abordagens NDE fornecem tanto critérios de seleção como meios para estimar as propriedades mecânicas.

1.7 Tensões de projeto

Uma questão crítica na utilização da madeira para fins estruturais é a incerteza da sua resistência; isto explica o facto de as tensões de projeto para a madeira estarem relacionadas com o valor do percentil 5th , $R0_{.05}$, em vez do valor médio da resistência (Leicester, 2002). Para grandes variações na resistência, $R0_{.05}$ pode ser consideravelmente inferior ao valor médio e, neste caso, há uma perda considerável na eficiência estrutural. É necessário um controlo de qualidade eficaz para que um elemento estrutural de madeira atinja uma resistência de projeto fiável e uma forma de o conseguir é a monitorização contínua das propriedades estruturais. Infelizmente, nos países em desenvolvimento, as propriedades de resistência são determinadas utilizando abordagens destrutivas dispendiosas que necessitam de um menor número de amostras, o que resulta em coeficientes de variação relativamente grandes que afectam o valor $R0_{,05}$, o que, consequentemente, viola os requisitos de controlo de qualidade. A utilização geralmente aceite de uma amostra de ensaio n=5 para a verificação diária da qualidade da resistência da madeira classificada sob tensão, como é o caso nas normas australianas, de acordo com Leicester, pers. com (2007), pode ser inadequada.

1.8 Agrupamento de madeiras

1.8.1 Classificação da madeira serrada

A qualidade da madeira serrada varia muito em função de uma série de factores, incluindo: a espécie, as condições de crescimento, a idade da árvore quando foi abatida e a forma como foi convertida em madeira (Davies e Watt, 2005). A fim de racionalizar a comercialização e simplificar a seleção para uma utilização específica, esta variedade é geralmente classificada em grupos semelhantes - um processo conhecido como classificação. Os dois sistemas básicos de classificação da madeira serrada são o sistema de corte e o sistema de defeitos (Mettem, 1986). A classificação mecânica é uma forma especial do sistema de defeitos em que o efeito dos defeitos na resistência é tido em conta. O sistema de corte é a forma mais eficaz de classificar a madeira que se destina a ser serrada de novo, mas não é adequado para utilização estrutural. Infelizmente, uma proporção substancial das madeiras utilizadas nos trópicos, independentemente da utilização prevista, é classificada de acordo com regras do tipo defeito escritas ou não escritas. No sistema de corte, o grau é determinado pela pior face da peça retangular. O sistema de defeitos consiste em definir os defeitos admissíveis por grau. Das duas abordagens, o sistema de defeitos é melhor para classificar a madeira destinada a uso estrutural. Esta é a abordagem utilizada sempre que a madeira é utilizada em dimensões fornecidas pelas serrações, como no caso das madeiras utilizadas para asnas no Uganda. Embora o sistema de defeitos tente ter em conta as caraterísticas que reduzem a resistência, juntamente com outras caraterísticas indesejáveis, é apenas na classificação sob tensão que uma determinada peça de madeira de um determinado tamanho e identidade num determinado grau terá uma resistência mínima definida (Mettem, 1986; Buchanan, 2007).

1.8.2 Criação de grupos de força

Em países tropicais, como o Uganda, com diversas espécies de madeira, existem vantagens no agrupamento da resistência das madeiras, sendo a mais importante o facto de proporcionar uma disposição flexível para a conceção estrutural de acordo com especificações racionalizadas. A abordagem mais simples para estabelecer grupos de resistência é colocar as madeiras com tensões de projeto semelhantes nos mesmos grupos e definir as propriedades do grupo como as da madeira mais fraca do grupo (BS 5268). O método é satisfatório para madeiras que não são muito diversas em termos de propriedades físicas e mecânicas. No entanto, o método é rígido; existe a possibilidade de obter novas madeiras que não se enquadram bem no esquema, uma vez que é pouco provável que as propriedades sejam definidas na relação correta entre si. Um esquema de agrupamento de resistência melhor, que tem sido utilizado na Austrália há mais de 50 anos, escolhe primeiro a tensão do grupo e, posteriormente, são determinadas as madeiras que se enquadram em cada grupo. Principalmente, as tensões de grupo escolhidas devem adequar-se às madeiras mais comummente disponíveis.

O sistema de classificação australiano consistia originalmente em quatro grupos básicos, A, B, C e D, com tabelas associadas de propriedades médias sem defeitos e tabelas de tensões de projeto. As resistências utilizadas para determinar a pertença a determinados grupos de resistência foram selecionadas a partir de uma sequência de números geométricos (AS/NZ 2878:2000). Os valores médios de MOR, MOE, resistência à tração e resistência à compressão dos ensaios SCS foram utilizados para fazer uma classificação preliminar do grupo de resistência. O sistema europeu (EN 384:2004) define doze classes de resistência da madeira serrada de coníferas: C14, C16, C18, C20, C22, C24, C27, C30, C35, C40, C45 e C50, em que os valores caraterísticos são a resistência à flexão, a resistência à tração, a compressão paralela ao grão, o módulo de elasticidade, etc. O valor caraterístico é definido como o valor do percentil 5th , o que significa que não mais de 5% das peças classificadas na classe podem ter um valor de resistência inferior ao indicado pelo valor caraterístico da classe de resistência e pelo menos 95% excedem-no (Mettem, 1986). Para garantir que mesmo as poucas peças com resistência inferior ao valor caraterístico não falharão durante o serviço, o sistema utiliza um fator de segurança adicional de 1,3 para a madeira estrutural e outro fator de segurança para ter em conta a incerteza das cargas.

CAPÍTULO 2:

PREVISÃO DA RESISTÊNCIA À FLEXÃO UTILIZANDO UMA TÉCNICA NDE DE BAIXO CUSTO

2.1 Introdução

Neste capítulo, é apresentada uma abordagem não destrutiva para prever a qualidade da resistência da madeira de dimensões estruturais. Foi desenvolvido um protótipo de máquina NDE baseado na relação carga-deflexão como um mecanismo para determinar a resistência da madeira de forma não destrutiva. O capítulo foi uma resposta direta à necessidade de uma técnica baseada no terreno para avaliar a qualidade da resistência da madeira nas saídas de madeira. O dispositivo NDE foi utilizado para medir cargas não destrutivas necessárias para causar uma pequena deflexão de 5 mm. Os dados de resistência da madeira do estudo de doutoramento do autor foram utilizados para desenvolver um gráfico de previsão da resistência à flexão que pode ser utilizado para prever o MOE e o MOR da madeira estrutural utilizando uma carga não destrutiva, P_{5mm}, como parâmetro variável dependente. A abordagem NDE destinava-se a garantir uma avaliação rápida da qualidade da resistência à flexão da madeira estrutural, fazendo referência aos dados de resistência da madeira no Anexo 1, que mostra a densidade básica média e as propriedades de resistência média de madeiras selecionadas do Uganda e a classificação proposta da resistência da madeira (Anexo 2). Previa-se que a abordagem NDE proposta fosse uma forma de classificação em resposta às abordagens subjectivas de classificação visual atualmente utilizadas.

2.2 Classificação pseudo-visual da resistência da madeira

Apesar do facto de serem utilizadas diversas espécies de madeira na construção civil no Uganda, não existe um mecanismo rápido e fiável para verificar a qualidade da resistência da madeira nos pontos de venda. Para reduzir as falhas nas estruturas de madeira, em parte atribuídas a dados de resistência inadequados e a erros humanos, é necessário examinar a qualidade da resistência da madeira antes da sua utilização (Zziwa *et al.*, 2006b; Fruhwald *et al.*, 2007). A classificação 'pseudo' visual da madeira, baseada na perceção das relações entre as caraterísticas visíveis e a capacidade de suporte de carga, continua a ser o método predominante de avaliação da resistência da madeira. No entanto, a principal fraqueza desta abordagem é a sua subjetividade (Zziwa *et al.*, 2009). Além disso, foram registadas correlações fracas entre os parâmetros visuais e a resistência da madeira com nós (Ranta-Maunus, 1999). A dependência excessiva da classificação visual contribui para uma conceção inadequada dos elementos estruturais, para concepções não económicas e para uma construção insegura resultante da utilização de madeira de qualidade inferior (Zziwa *et al.*, 2010). Por outro lado, a classificação por tensão mecânica gera madeiras com coeficientes de variação das propriedades de resistência mais baixos do que a classificação visual. O método também permite a utilização de madeira com defeitos visíveis mas com propriedades de resistência superiores (Baltrusaitis e Pranckevicienè, 2003). Consequentemente, a tendência global é para a utilização de métodos de avaliação não destrutiva (NDE) para uma previsão rápida da qualidade da resistência.

2.3 Tendências globais na avaliação da qualidade da madeira

A investigação levou à descoberta de abordagens de pré-classificação da madeira baseadas no estado verde da madeira para garantir um processo de classificação de qualidade nas fases iniciais da cadeia de produção da madeira (Unterwieser e Schickhofer, 2007). Por exemplo, existem abordagens NDE para prever a resistência das árvores em pé antes do abate (Huffaker *et al.*, 2010). Os métodos de avaliação da resistência por NDE foram identificados como meios para assegurar a utilização eficiente, económica e rentável de espécies de madeira mistas em vários países com medidas de controlo de qualidade rigorosas (Green *et al.*, 2004; Ravenshorst e van de Kuilen, 2010). É de notar que vários sistemas de classificação se baseiam em métodos indirectos que utilizam indicadores de resistência para estimar as propriedades de resistência (Hanhijarvi e Ranta-Maunus, 2008). As medições são geralmente efectuadas por métodos de avaliação não destrutiva (NDE). Inevitavelmente, os métodos indirectos de previsão da resistência de peças individuais de madeira incluem incerteza, uma vez que os métodos contêm erros de medição. Mas, acima de tudo, é importante dispor de amostras estatisticamente adequadas para obter resultados fiáveis e válidos. A incerteza é tratada em conformidade com os requisitos estatísticos; por exemplo, o MOE médio e o percentil 5th mínimo da caraterística MOR.

2.4 Alguns indicadores não destrutivos da resistência da madeira

Hanhijarvi e Ranta-Maunus (2008) observaram que a base para a classificação da resistência da madeira com medições não destrutivas deve ser a existência de uma relação entre a resistência e um ou mais parâmetros de previsão. Na classificação visual, que é uma abordagem comummente utilizada nos Países Menos Desenvolvidos (PMD), como o Uganda, o tamanho dos defeitos visuais, como os nós, é utilizado para prever a resistência da madeira. Na classificação por máquina, uma combinação do tamanho dos nós da extremidade e da rigidez da madeira tem sido o fator de previsão tradicional. Os dois indicadores não destrutivos frequentemente utilizados nos equipamentos comerciais de classificação da madeira são o MOE e a densidade, em parte porque a rigidez (MOE) da amostra é um indicador direto da sua resistência à flexão (Huffaker *et al.,* 2010). A densidade é um bom indicador da resistência da madeira devido ao facto de a densidade numa peça de madeira prever a microestrutura de um material de uma espécie de madeira específica, sendo geralmente aceite que quanto maior for a densidade, melhor será a resistência da madeira e vice-versa (Zziwa *et al.*, 2010).

O rácio de resistência, que é uma medida da percentagem de resistência da madeira clara que uma peça defeituosa teria, é também um bom indicador da resistência da madeira estrutural. No entanto, quando a madeira não apresenta defeitos, o indicador não é útil, uma vez que existe um rácio de resistência de 100% (Hanhijarvi e Ranta-Maunus, 2008). É de notar que a classificação da resistência através de medições não destrutivas deve basear-se na existência de uma relação entre a resistência e os parâmetros de previsão. Os diferentes métodos de NDE são avaliados por relações de regressão e, na maioria dos casos, apenas é adoptada a análise de regressão linear simples. Nestes casos, a relação entre o preditor e a propriedade mecânica de interesse é derivada utilizando a análise de regressão. A investigação continua a procurar preditores mais eficientes e a ênfase deve ser colocada nos parâmetros mensuráveis de forma não destrutiva que têm a capacidade de prever a resistência de forma fiável e económica (Ozelton e Baird, 2002; Hanhijarvi e Ranta-Maunus, 2008).

2.5 Fundamentação da classificação da madeira

O objetivo da classificação da resistência da madeira nos pontos de venda é garantir que a madeira estrutural tem a capacidade necessária para suportar as cargas de serviço. Além disso, os sistemas de classificação da madeira são essenciais para reduzir a variabilidade das propriedades da madeira utilizada no projeto estrutural e podem melhorar a utilização eficiente da madeira. É de notar que a escolha de uma abordagem de avaliação da resistência adequada se baseia na sua capacidade de fornecer resultados de resistência fiáveis, repetíveis e válidos. Algumas das abordagens de classificação da madeira por CND baseiam-se no pressuposto de que, na flexão, a madeira é linearmente elástica para valores baixos de tensão (Katz *et al.*, 2008); e isto é principalmente atribuído ao comportamento elasto-plástico da madeira. Estas abordagens de classificação baseiam-se na relação entre o MOE e o MOR de determinadas espécies de madeira de uma determinada localização geográfica. O MOE pode ser determinado de várias formas, tais como a aplicação de uma força conhecida e a medição da correspondente deflexão; a medição da força necessária para provocar um deslocamento conhecido; e o estabelecimento do MOE a partir de medições dinâmicas (Gupta *et al.*, 1996; Ozelton e Baird, 2002). Os autores acima referidos referiram que, para as máquinas que utilizam a flexão para determinar o MOE, cada peça de madeira é classificada em incrementos; digamos 150 mm do seu comprimento, à medida que passa pela máquina de classificação e o valor mínimo obtido é atribuído à peça como forma de garantir um fator de segurança razoável. Este valor de classificação permite selecionar a madeira com classificações semelhantes. Assim, foi realizada uma investigação para desenvolver uma abordagem não destrutiva baseada no terreno para prever a resistência da madeira como uma alternativa fiável à classificação visual subjectiva da madeira habitualmente utilizada nos pontos de venda de madeira no Uganda e na maioria dos outros PMD nos países vizinhos.

2.6 Ensaios não destrutivos das propriedades de flexão da madeira

A investigação implicou a conceção e o fabrico de uma máquina de ensaios não destrutivos utilizável em condições de campo (por exemplo, estaleiros de madeira) para prever o MOE e o MOR da madeira estrutural através da medição de um parâmetro de previsão, neste caso uma deflexão não destrutiva. O protótipo da máquina foi fabricado e calibrado para fornecer valores precisos, fiáveis e repetíveis de um parâmetro de previsão que seria utilizado para determinar o MOE e o MOR da madeira estrutural.

2.6.1 Princípios de conceção

A máquina foi concebida para testar madeira estrutural medindo a carga concentrada necessária para causar uma deflexão não destrutiva a meio do vão através do movimento rotativo de um parafuso roscado. Uma balança digital muito sensível e um paquímetro digital foram instalados como unidades completas para registar cargas em kg com uma precisão de 1 casa decimal e deflexões em mm com uma precisão de 2 casas decimais, respetivamente. O objetivo era assegurar a precisão e a reprodutibilidade dos resultados dos ensaios. A máquina foi concebida para funcionar segundo o princípio carga-deflexão (lei de Hooke) num modo de carregamento de três pontos. Os apoios e os pontos de carga foram colocados proporcionalmente no vão, de modo a que toda a flexão resultasse da carga vertical de três pontos. Utilizando a relação carga-deflexão, o vão adequado (L) foi calculado utilizando a equação (12):

$$L = \left(\frac{48EI\delta}{P} \right)^{1/3} \quad (12)$$

Utilizando a carga prevista (L), a deflexão (5) e os resultados do MOE (E) dos dados de resistência da madeira nos anexos e nos ensaios preliminares de dimensão estrutural, o vão foi fixado em: 900 ≤ L ≤ 1200 (em mm). A partir da relação carga-deformação, foi também determinada a deformação admissível. Os limites para as dimensões da secção transversal como determinantes da rigidez à flexão, largura e profundidade (b & t) foram fixados em 50 ≤ b/t ≤ 100 (em mm), dependendo se o membro de madeira foi carregado no sentido da borda ou no sentido plano.

2.6.2 Fabrico do protótipo

O objetivo do projeto era desenvolver uma ferramenta de baixo custo capaz de prever a resistência fiável de uma gama de espécies de madeira. A máquina protótipo NDT destinava-se a operacionalizar a abordagem de avaliação não destrutiva da resistência da madeira. Foi improvisada uma cabeça de carga com superfícies de contacto em cartão para aplicar suavemente a carga. A máquina de classificação era composta por uma estrutura de suporte feita de uma secção em U de aço macio de 50 mm^IGG mm*10 mm; um parafuso de carga feito de aço endurecido de alta resistência e uma porca de carga feita de ferro fundido.

Os critérios utilizados na seleção dos materiais para a construção da máquina foram: resistência adequada, baixo peso, baixo custo e disponibilidade. Os materiais com dimensões normalizadas foram utilizados tanto quanto possível para minimizar o desperdício e a mão de obra adicional para o trabalho e o retrabalho. Para garantir uma resistência adequada e reduzir os custos, o tamanho e o número de soldaduras foram limitados. O peso foi reduzido de forma económica através da utilização de juntas soldadas e, sempre que possível, as juntas foram colocadas o mais longe possível de áreas de elevada tensão. A máquina foi construída a partir de barras angulares de aço; uma secção de canal, que formava a base; barras planas; e placas. Além disso, foram utilizadas barras redondas de 35 mm de diâmetro para fornecer suportes para o espécime. A secção de canal foi selecionada porque proporciona uma melhor estabilidade em comparação com outras formas; também dá uma forma plana já acabada sem qualquer processamento adicional; e pode suportar forças de deformação durante a soldadura sem distorção. A descrição das dimensões e propriedades dos materiais utilizados é apresentada na Tabela 3. O aço macio foi selecionado porque é relativamente barato e está facilmente disponível no mercado. Além disso, o aço macio pode ser facilmente fabricado com a forma pretendida utilizando a soldadura por arco sem sofrer distorções. A espessura selecionada foi de 6 mm porque podia oferecer o segundo momento de área necessário para suportar as tensões de soldadura sem deformação e podia também suportar as cargas previstas com um fator de segurança mais elevado sem deformação.

Tabela 3: Dimensões e propriedades

Section Designation	Nominal size (mm)	Thickness		Mass per metre (kg)	Depth of section (mm)	Area of section (cm^2)	MOI (cm^4)	Elastic Modulus (cm^3)
		Web (mm)	Flange (mm)					
Channel	102 × 51	6.1	7.6	10.42	101.6	13.28	207.7	40.89
Angle bar	50 × 50	6.0		4.47	-	5.59	12.8	3.61

Extrato do Steel Designer's Manual (CSRDO, 1990).

A máquina (Figuras 6 e 7) foi fabricada na oficina de Engenharia Mecânica da Faculdade de Engenharia, Design, Arte e Tecnologia (CEDAT) da Universidade de Makerere. Os materiais foram cortados nas dimensões necessárias, o parafuso e a cavilha de carga foram montados e a plataforma para a balança de carga foi fabricada. Os dois suportes flexíveis para o sistema de carga de 3 pontos também foram fabricados, as suas posições foram marcadas e posteriormente montadas.

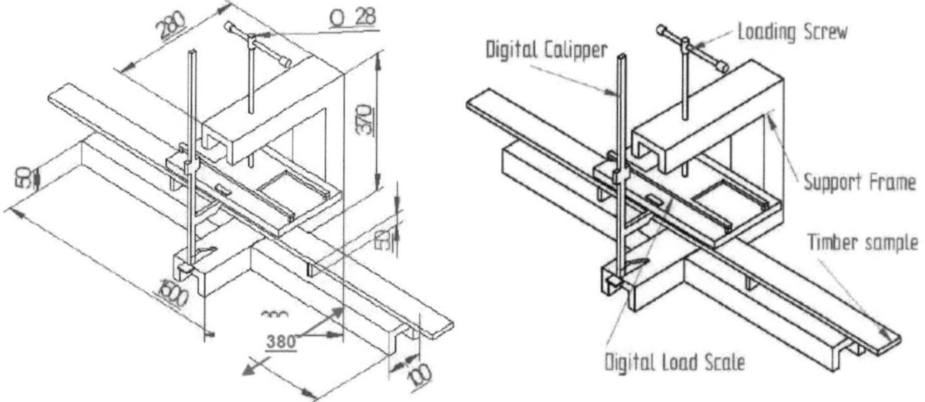

(a) A máquina de ensaio (todas as dimensões estão em mm) (b) As partes da máquina

Figura 6: Máquina protótipo de ensaio não destrutivo de madeira

Figura 7: Determinação da resistência estrutural da madeira utilizando a máquina de protótipo

2.6.3 Custo da máquina protótipo

O custo da compra de materiais e do fabrico do protótipo foi de UGX900.000 (≅US$415). A investigação exigiu a produção de apenas um protótipo de máquina, mas os materiais são vendidos em dimensões normalizadas, pelo que grandes porções de alguns materiais, como a secção em U, não foram totalmente utilizadas. Assim, produzir mais do que uma máquina é mais barato através de economias de escala; cada uma custa aproximadamente UGX 1.000.000 (≅US$300). Se o paquímetro digital for removido, fixando a deflexão em 5 mm utilizando um batente, o custo da máquina pode reduzir significativamente para UGX 800.000 (≅US$230). Em geral, a máquina é uma tecnologia de baixo custo e pode ser comprada pelos comerciantes de madeira.

2.6.4 *Pré-teste do protótipo*

Os ensaios não destrutivos envolveram a medição da carga, P_{5mm} , necessária para causar uma deflexão não destrutiva de 5mm por amostra. A seleção de uma deflexão de 5 mm foi informada por estudos anteriores sobre a classificação mecânica da madeira, em particular o estudo sobre a classificação das tensões mecânicas da madeira de eucalipto juvenil de pequeno diâmetro, realizado por Galabuzi (2004). Na maioria destes estudos, a relação entre a carga e a deflexão fornece a rigidez e, consequentemente, o grau de tensão da peça. A deflexão de 5mm foi obtida após a realização de uma série de testes preliminares utilizando deflexões de 5mm, 10mm e 15mm com precaução para assegurar que não permanecem sinais de danos após o carregamento. Após a realização dos ensaios não destrutivos, todos os espécimes foram submetidos a ensaios destrutivos de flexão para determinar o seu MOE e MOR utilizando um UTM.

Para verificar a consistência e a validade da máquina, foram pré-testados 15 espécimes de madeira com dimensões estruturais, medindo 40 mm x 50 mmx1000 mm, antes de finalizar o fabrico. Na fase de pré-teste, evitou-se a distorção da madeira como forma de excluir factores estranhos que pudessem ser responsáveis pela deflexão observada. O objetivo era assegurar a validade interna ao monitorizar a relação causal entre a carga e a deformação (Sekaran, 2003). Foram medidas e registadas as cargas necessárias para provocar uma deflexão fixa de 5 mm em vários espécimes de madeira. Durante o pré-teste, teve-se o cuidado de identificar quaisquer sinais de danos permanentes nos componentes da máquina ou na madeira e foram feitas melhorias no ponto de carga, na orientação da balança e no paquímetro digital para aumentar a precisão e a exatidão da máquina. O modo de funcionamento e as medidas de precaução na utilização da máquina protótipo NDE estão resumidos no Anexo 3.

2.6.5 Fiabilidade e validade do dispositivo NDE

A exatidão do dispositivo foi parcialmente assegurada através da fixação de uma balança digital muito sensível e de um paquímetro digital. A fiabilidade do equipamento foi validada através de pré-testes a um total de trinta (30) amostras de madeira de tamanho estrutural. Para verificar ainda mais a fiabilidade e a precisão da abordagem NDE proposta, foi utilizada uma abordagem de teste-reteste. O teste e o reteste de consistência foram realizados para 30 espécimes de tamanho estrutural selecionados aleatoriamente, cada um testado duas vezes após um intervalo de 10 minutos (selecionado arbitrariamente), utilizando o dispositivo NDE. A percentagem do número de vezes que os valores de P_{5mm} concordaram nos ciclos de teste-reteste foi calculada como a medida de fiabilidade ou consistência do protótipo da máquina NDE. Neste caso, foi registado um nível de consistência de 70% do dispositivo que mede o mesmo P_{5mm} (Anexo 4). Os testes de validade convergente indicaram que os valores de ensaio e reensaio da abordagem NDE estavam fortemente correlacionados (R = 0,896, Figura 8), uma indicação de estabilidade. Assim, o dispositivo NDE foi declarado como tendo a capacidade de medir resultados consistentes.

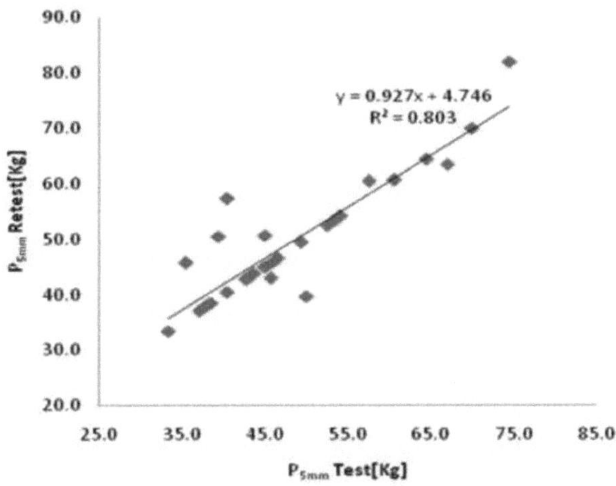

Figura 8: Teste P_{5mm} versus Reteste P_{5mm} como uma verificação da consistência do protótipo NDE

Tal como o NDE mede as deflexões reais de qualquer peça de madeira resultantes da aplicação gradual de cargas, a exatidão das leituras depende, em certa medida, da retidão da madeira serrada. Por exemplo, a madeira com distorções (curvatura, mola, torção, etc.) dará resultados pouco fiáveis e a abordagem não é recomendada para verificar as caraterísticas de flexão de tal madeira. De qualquer modo, muitas normas rejeitam a madeira com defeitos excessivos, considerando-a imprópria para aplicação estrutural (Mettem, 1986).

2.6.6 Calibração do protótipo

O protótipo foi calibrado utilizando 54 espécimes de madeira de tamanho estrutural testados para MOR e MOE em série, utilizando tanto a máquina protótipo como a Máquina Universal de Ensaios. Foram selecionadas propositadamente nove espécies de madeira para representar a gama de classes de resistência da madeira SG16, SG12, SG8 e SG4 (A) para as diversas madeiras utilizadas na indústria da construção civil. Foram selecionadas pelo menos 2 espécies de cada grupo de resistência. As espécies selecionadas foram *Funtumia elastica* (Nkago), *Maesopsis eminii* (Musizi), *Blighia unijugata* (Nkuzanyana), *Aningeria altisima* (Enkalati), *Markhamia lutea* (Nsambya), *Piptadeniastrum africanum* (Mpewere), *Celtis mildbraedii* (Lufugo), *Morus lactea* (Mukooge) e *Pinus caribaea* (Pine). As espécies foram também escolhidas devido ao seu valor como madeira estrutural no Uganda. Foram preparados seis espécimes de tamanho estrutural, medindo 40 mm x 50 mm x 1000 mm, por espécie de madeira, perfazendo um total de 54 espécimes. Para garantir a exatidão, todos os espécimes foram verificados quanto à sua retidão antes do ensaio e as peças de madeira com distorções adicionais foram eliminadas antes do ensaio. O procedimento seguido foi tal que todas as peças foram carregadas até ser registada uma deflexão de 5 mm no paquímetro digital. Este procedimento destinava-se a acomodar madeiras que são adequadas para aplicações estruturais.

2.7 Interpretação dos resultados de NDE

2.7. 1Avaliação não destrutiva de MOE e MOR

As médias de P_{5mm}, MOR e MOE para as madeiras estudadas são apresentadas no Quadro 4.

Tabela 4: P médio$_{5mm}$, MOR e MOE para as espécies de madeira

Espécies	P_{5mm} [Kg]	MOR [MPa]	MOE [MPa]
*Pinus caribaea (*Pinheiro,*)*	38	40	6630
Funtumia elastica (Nkago)	49	45	7861
Maesopsis eminii (Musizi)	43	60	8684
Blighia unijugata (Nkuzanyana)	42	45	8146
Aningeria altisima (Enkalati)	43	33	7303
Markhamia lutea (Musambya)	55	59	9089
Piptadeniastrum africanum (Mpewere)	60	56	11272
Celtis mildbraedii (Lufugo)	77	66	13539
Morus lactea (Mukooge	77	107	14822

P_{-5mm} foi obtido utilizando a máquina protótipo, enquanto o MOE e o MOR foram obtidos utilizando a máquina de ensaio universal

A NDE produziu resultados consistentes de P_{5mm} , com um grau de consistência de 70%, o que constituiu um indicador razoavelmente bom da fiabilidade da abordagem NDE. Tendo em conta o âmbito da investigação e o facto de a abordagem se destinar a servir como uma verificação rápida da resistência das diversas madeiras tropicais antes do comércio e da utilização, a abordagem é viável. Além disso, os gráficos dos valores de P_{5mm} do ensaio e do reensaio deram correlações tão elevadas como 89,6% (Figura 9), uma indicação da fiabilidade da abordagem proposta. Registou-se uma correlação positiva entre P_{5mm} e MOE/MOR. O coeficiente de determinação relativo a P_{5mm} e MOR é de 0,425, ou seja, P_{5mm} explica 43% da variação em MOR, enquanto o coeficiente de determinação relativo a P_{5mm} e MOE é de 0,588, ou seja, P_{5mm} explica 59% da variação em MOE. Com base no preditor, P_{5mm} , obtido a partir de NDT de madeira estrutural, é possível utilizar a abordagem não destrutiva para determinar o MOR e o MOE da madeira em questão. A correlação positiva entre P_{5mm} e MOE/MOR confirmou que P_{5mm} é um potencial preditor de MOR e MOE. Galligan e McDonald (2000) observaram que a madeira deve ser separada por uma caraterística que se correlaciona com outras propriedades estruturais da madeira.

Os coeficientes de determinação observados entre o P_{5mm} e o MOE; e o P_{5mm} e o MOR são indicadores de que existe uma relação entre o P_{5mm} e o MOE/MOR. Por conseguinte, o P5mm tem potencial para ser utilizado como base para a classificação da resistência da madeira. Este facto está de acordo com Hanhijarvi e Ranta-Maunus (1999), que referiram que a base para a classificação da resistência com medições não destrutivas deve ser a existência de uma relação entre a resistência e um ou mais parâmetros de previsão. Os resultados mostraram ainda que a abordagem NDE proposta é prática. A abordagem NDE ajudará a aumentar o valor de mercado de espécies de madeira menos conhecidas, uma vez que permitirá uma comparação rápida com espécies bem conhecidas. Este é um dos principais avanços da investigação, uma vez que não existe atualmente um mecanismo rápido e fiável de garantia da qualidade da resistência nos pontos de venda de madeira. O objetivo final era fornecer uma abordagem simples, prática e cientificamente justificada para a seleção rápida de madeira para a construção civil, com base em alguns testes simples. Contudo, mesmo esta abordagem exigirá uma verificação futura por parte dos organismos de normalização, como a UNBS.

2.7.2 Previsão da resistência à flexão através da análise de regressão

A Figura 9 mostra a utilização de P_{5mm} como um preditor único de MOE e MOR de madeira de tamanho estrutural. Na figura, foi utilizada uma análise de regressão linear simples. As linhas pontilhadas mostram os valores de MOE e MOR do percentil 5th inferior.

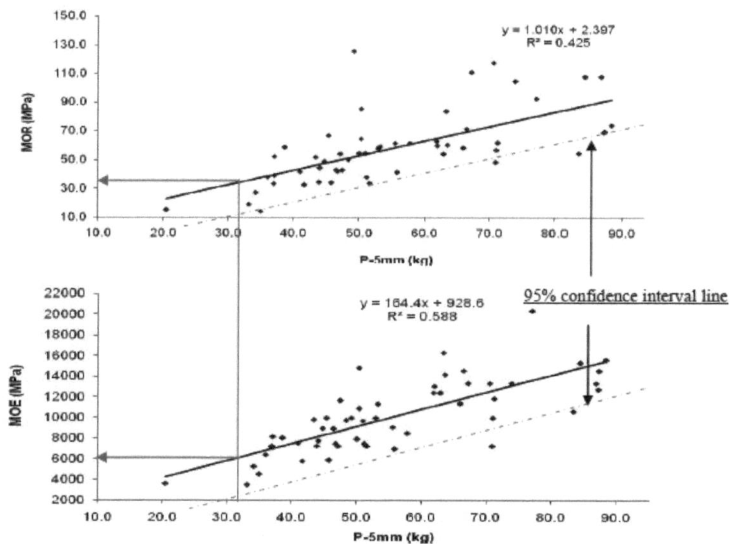

Figura 9: Previsão da resistência à flexão da madeira através da análise de regressão

Os dois gráficos sobrepostos de P_{5mm} versus MOR e P_{5mm} versus MOE (Figura 9); podem ser utilizados para determinar o MOR e o MOE das madeiras em questão utilizando P_{5mm} como um preditor. A partir da Figura 9, MOR = 1,01P_{5mm} + 2,397 e MOE = 164,4 P_{5mm} + 928,6. Por exemplo, a média de P_{5mm} para Pine de 30kg (Tabela 4) corresponde a um MOE de cerca de 6000MPa e um MOR de 35MPa. Estes valores estão próximos dos dados de dimensão estrutural para o pinho no capítulo 6, e também se comparam favoravelmente com os resultados de resistência no capítulo 5, que foram obtidos utilizando a máquina de ensaios universal. A linha inferior do intervalo de confiança de 95% mostra que as madeiras com P_{5mm} inferior a 30 kg não são adequadas para aplicação estrutural. Por exemplo, madeiras com defeitos excessivos. Assim, o P_{5mm} pode ser utilizado para prever a qualidade da resistência da madeira estrutural através do seu MOE e MOR.

Os resultados mostram que o dispositivo de ensaio tem uma precisão aceitável e foi utilizado em conjunto com dispositivos de ensaio secundários, a máquina de ensaio universal. Uma análise crítica dos pontos de dados mostra que a abordagem NDE pode ser alargada à classificação da resistência da madeira, podendo a madeira ser colocada em diferentes classes, dependendo da sua espécie e do seu grau. Com esta descoberta, é agora possível estimar, com uma incerteza limitada, o MOE e o MOR da dimensão estrutural a partir de dados de MOE e MOR de pequenas clareiras. No entanto, deve notar-se que a utilização da abordagem proposta não substitui as abordagens de ensaios em máquinas de pequena dimensão e de dimensão estrutural. Os sistemas de ensaio secundários devem continuar a ser realizados para minimizar a possibilidade de falhas do produto, mas nos casos em que tal não seja possível, a NDE é uma alternativa fiável. Além disso, o dispositivo destina-se simplesmente a avaliar a madeira e não a produzir resultados exactos de medição da resistência; um dispositivo extremamente preciso exigiria mais hardware e desenvolvimento. Esta precisão adicional resultaria provavelmente num custo de desenvolvimento e produção mais elevado.

2.8 Conclusão e recomendação

Concluiu-se que o protótipo NDE pode medir a carga P_{5mm} com uma fiabilidade de 75% e que, utilizando o gráfico NDE, é possível prever o MOE e o MOR da madeira estrutural utilizando P_{5mm} como indicador com um nível de confiança de 95%. No entanto, é necessária mais investigação para melhorar a abordagem da avaliação não destrutiva da resistência, de modo a poder ser utilizada para a classificação da madeira no terreno, e também é necessário melhorar a conceção da máquina protótipo NDE para permitir uma classificação eficiente da madeira e o ensaio de madeira redonda.

Referências

Adamopoulos, S. (2002). *Propriedades de flexão de pequenos espécimes de madeira clara de alfarroba negra (Robinia pseudoacacia L.) em relação à direção de aplicação da carga.* 325-327 Springer-Verlag 2002.

Ahmad, Z., Bon, Y. C., e Wahab, E.S. (2010). *Propriedades de resistência à tração de madeiras duras tropicais em ensaios de tamanho estrutural.* Revista Internacional de Ciências Básicas e Aplicadas IJBAS-IJENS Vol: 10 No: 03.

ASTM (1999). *Livro Anual de Normas,* Vol. 04.10. Madeira. American Society for Testing and Materials, West Conshohocken, PA.

ASTM D 143-94 (2000). *Métodos de ensaio normalizados para pequenos espécimes transparentes de madeira.*

Norma australiana/neozelandesa (AS/NZS 2858:2004). *Madeira softwood - Classificada visualmente para fins estruturais.*

Norma australiana/neozelandesa (AS/NZS 2878:2000). *Madeira Classificação em grupos de resistência.*

B.S. 373 (1957). *Método de ensaio de pequenos espécimes claros de madeira.* British Standards Institution, Londres.

Baltrusaitis, A. e Pranckeviciene V. (2003). *Classificação da resistência da madeira estrutural.* ISSN 1392-1320 Ciência dos Materiais (Medziagotyra). Vol. 9, No. 3. 2003

Bengtsson, C. (1999). *Fluência mecano-sortiva em madeira - Estudos experimentais da influência das propriedades do material.* Tese de doutoramento, Divisão de Estruturas de Aço e de Madeira, Universidade de Tecnologia de Chalmers, Gotemburgo, Suécia.

Biblis, E., e Meldahl, R (2006). *Propriedades de flexão de pequenos espécimes de madeira clara obtidos de duas plantações de pinheiro loblolly com 20 anos de idade, plantadas com espaçamentos de 6 por 6 pés e 12 por*

12 pés. Forest Products Journal.

Bill, J., Ross, D., Carolyn, R., Jugo, I e Colin, M. (2004). *Prediction of Eucalyptus dunii and Pinus radiate Timber Stiffness Using Acoustics.* Um relatório para o RIRDC/Land and Water Australia / FWPRDC/MDBC Joint Venture Agroforestry Program.

Bodig, J. (2001). *O Processo de Investigação NDE para Madeira e Compósitos de Madeira.* Actas do 12th Simpósio Internacional sobre Ensaios Não Destrutivos de Madeira. Vol. 6 No. 03

Bowyer, J. L., Shmulsky, R. e Haygreen J. G. (2003). *An Introduction. Produtos Florestais e Ciência da Madeira.* Quarta edição. Iowa State Press.

BS 5268: Parte 2: 1996. *Utilização estrutural da madeira. Tensões de grau e módulos de elasticidade para várias classes de resistência para as classes de serviço 1 e 2.*

Buchanan, A.H. (ed) (2007). *Sawn timber: grading systems for structural timber (Madeira serrada: sistemas de classificação para madeira estrutural). New Zealand Timber Design Guide 2007.* Publicado pela Timber Industry Federation.

Buteme, P. M. (2007). *Medição da capacidade de tensão da madeira de pequeno diâmetro de eucalipto juvenil.* Relatório de Projeto do Último Ano não publicado, Faculdade de Tecnologia da Universidade de Makerere, Kampala.

Carmichael, E.N. (1984). *Engenharia da madeira. Practical Design Studies.* E. & F.N. Spon, Nova Iorque. ISBN 0-419-12690-2.

Davies, I., e Watt, G. (2005). *Making the Grade - A guide to appearance grading UK grown hardwood timber.* Publicado por Arcamedia ISBN 1-904320-03-1

Desch, H.E. e Dinwoodie, J.M. (1996). *Timber: Structure, Properties, Conversion and Use.* Macmillan Press Ltd., Londres. 306p.

Dinwoodie, J., M. (1981). *Timber: its structure, nature and behaviour*

(Madeira: sua estrutura, natureza e comportamento). Van Nostrand Reinhold Company, Nova Iorque.

Divos, F. e Tanaka, T. (2005). *Relação entre o módulo de elasticidade estático e dinâmico da madeira.* Ata Silv. Lign. Hung., Vol.1: 105-110.

Emerson, R., N., Pollock, D.G., Kainz, J.,A., Fridley, K.,J., Melean, D., e Ross, J.R. (1999). *Técnicas de avaliação não destrutiva de pontes de madeira.*

Firmanti, A., Bachtiar, E. T., Surjokusumo, S., Komatsu, K., e Kawai, S. (2005). *Classificação de tensões mecânicas de madeiras tropicais sem ter em conta a espécie.* Journal of Wood Science. Vol.51 (4):339-347.

Fujimoto, T., Akutsu, H; Nei, M.; Kita, K; Kuromaru, M; Oda, K. (2006). Variação genética nas propriedades de rigidez e resistência da madeira do larício híbrido *(Larix gmelinii var. japonica x L. kaempferi).* Journal of Forest Research, Volume 11, Número 5, outubro de 2006 , pp. 343-349(7).

Galabuzi, D. (2004). *Classificação mecânica de tensões em madeira juvenil de eucalipto de pequeno diâmetro e projeto de elementos.* Relatório de projeto de final de ano não publicado. Faculdade de Tecnologia, Universidade de Makerere, Kampala.

Galligan, W. L. e McDonald, K. A. (2000). *Classificação mecânica da madeira serrada - Preocupações práticas dos produtores de madeira serrada.* Relatório Técnico Geral do Laboratório de Produtos Florestais do Serviço Florestal do Departamento de Agricultura dos Estados Unidos, FPL-GTR-7.

Gonzalo, A. Ruz, Pablo A. Estevez, e Pablo A. Ramirez (2009). *Sistema de inspeção visual automatizado para a classificação de defeitos da madeira utilizando técnicas de inteligência computacional.* International Journal of Systems Science, 1464-5319, Volume 40, Número 2, 2009, Páginas 163 - 172.

Grant, D.J., Anton, A., e Lind, P. (1984). *Resistência à flexão, rigidez e grau de tensão de Pinus radiate estrutural: Efeito dos nós e da densidade da* *madeira.* New Zealand Journal Forestry Science. 14(3): 331 - 348.

Green, D. W., Gorman, M. T., James Evans, W.J., e Murphy, J. F. (2006). *Classificação mecânica de vigas de madeira redondas.* Jornal de Materiais em Engenharia Civil. Volume 18, Número 1, pp. 1-10.

Green, D.W. (1997). *Novas oportunidades para a classificação mecânica da madeira serrada.* Wood Design Focus, Volume 8, Número 2.

Green, D.W. e Rosales, A. (1996). *Property Relationships for Tropical Hardwoods (Relações de propriedade para madeiras de lei tropicais).* Serviço Florestal do USDA, Laboratório de Produtos Florestais, EUA. Conferência Internacional de Engenharia da Madeira.

Green, D.W., Gorman, T.M., Evans, J.W., e Murphy, J.F. (2004). *Melhoria do sistema de classificação de toros estruturais para casas de madeira.* Forest Products Journal 54(9): 52- 62.

Green, W.D. e Shelley, B.E. (2006). *Diretrizes para a avaliação de propriedades admissíveis para madeira serrada classificada mecanicamente de espécies estrangeiras.* USDA Forest Service, Forest Products Laboratory, Madison e West Cost Inspection Bureau, Oregon.

Gupta, R., Basta, C. e Kent, M. S. (2004). *Efeito dos nós na resistência ao cisalhamento longitudinal do Douglas-fir usando blocos de cisalhamento.* Forest Products Journal. 54(11) 77- 83.

Hanhijarvi, A., e Ranta-Maunus, A. (2008). *Desenvolvimento da classificação da resistência da madeira utilizando técnicas de medição combinadas.* Relatório do Projeto Combigrade - Fase 2. Publicações VTT 686, Espoo, Finlândia.

Hanhijarvi, A., Ranta-Maunus, A., e Turk G., (2005). *Potencial de classificação da resistência da madeira com técnicas de medição combinadas.* Relatório do projeto Combigrade - fase 1, VTT Publications 568, Espoo.

Hansen, L.W., Knowles, R.L, e Walford, G.B. (2004). *Variação residual* *dentro da árvore na rigidez de pequenos espécimes claros de Pinus Radiata e Pseudotsuga Menziesii.* New Zealand Journal of Forestry Science 34(2): 206 - 216.

Hansson, M. (2001). *Fiabilidade de sistemas estruturais de madeira, asnas e vigas.* Tese de licenciatura. Divisão de Engenharia de Estruturas, Universidade de Lund, Lund.

Huffaker, M., Maddex, C., Minor, B., Oare, R., e Rovang, J.(2010). *Desenvolvimento de um dispositivo móvel de teste de madeira.* Equipa Pallada

Ishengoma, R. C., Gillah, P. R., Amartey, S. A e Kitojo, D. H. (2004). *Propriedades físicas, mecânicas e de resistência à decomposição natural de espécies de madeira menos conhecidas e menos utilizadas de Diospyros mespiliformis, Tyrachylobium verrucosum e Newtonia paucijuga da Tanzânia.* Holz als Roh- und Werkstoff Springer Berlin / Heidelberg. Edição: Volume 62, Número 5; 387 - 389.

Ishengoma, R.C e Gillah, P.R. (1992). *Comparação da densidade básica, das propriedades de resistência e do comprimento das fibras da madeira juvenil e madura de Pinus patula, cultivada na plantação florestal de Meru, Arusha-Tanzânia.* Registo n.º 55 da Faculdade de Silvicultura, Universidade de Agricultura de Sokoine, Morogoro, Tanzânia, pp15.

Ishengoma, R.C. e Nagoda, L. (1991). *Madeira maciça. Propriedades físicas e mecânicas, defeitos, classificação e utilização como combustível.* Um compêndio. Faculdade de Silvicultura, Universidade de Agricultura de Sokoine, Morogoro.pp 282.

Ishengoma, R.C., Gillah, P.R. e Andalwisye, M.O. (1998). *Algumas propriedades físicas e de resistência da Milletia oblata sub.spp. Stozii menos conhecida da Tanzânia.* Registo da Faculdade de Silvicultura. No.67: 5460. Universidade de Agricultura de Sokoine, Morogoro.

Ishengoma, R.C., Gillah, P.R. e Kimu, M. M. (1994). *Propriedades da*

madeira juvenil e madura de Cupressus lusitanica cultivada na plantação florestal de Kawetire, Mbeya-Tanzânia. East African Agriculture and Forestry Journal. 59(4), 287-292.

Ishengoma, R.C., Gillah, P.R. e Ngunyali, H.R. (1997). *Densidade básica e sua variação em espécies de Brachylaena huillensis encontradas na Tanzânia.* Common Wealth Forestry Review 76(4): 280-282.

ISO 3133 (1975a). *Madeira - Determinação do teor de humidade para ensaios físicos e mecânicos.*

ISO 3133 (1975b). *Madeira - Determinação da resistência máxima à flexão estática.*

ISO 8905 1988. *Madeira serrada - Métodos de ensaio - Determinação da resistência máxima ao corte paralelo à direção da fibra.*

ISO/FDIS 13910:2004. *Madeira estrutural - Amostragem, ensaios em tamanho real e avaliação dos valores caraterísticos da madeira classificada quanto à resistência.* 1st Edição. ISO TC 165/SC.

Istvan A. V. e Mahir B. S. (2004). *Ensaios não destrutivos de madeira por propagação de ondas.* Instituto Federal Suíço de Tecnologia, IMES - Centro de Mecânica, ETH Zentrum, CH-8092.

Jayawickrama, K. J. S. (2001). *Reprodução de pinho radiata para a rigidez da madeira: revisão e análise.* Aus. For. 64: 51-56.

Johansson, M. (2000). *Distorção relacionada com a humidade na madeira de abeto norueguês - Influência das propriedades do material. Divisão de estruturas de aço e madeira, Departamento de Engenharia Estrutural.* Universidade de Tecnologia de Chalmers, Gotenborg.

Katz, J. L., Spencer, P., Wang, Y., Misra A., Marangos O., e Friis L. (2008). *Sobre as propriedades elásticas anisotrópicas das madeiras.* Journal of Material Science 43:139-145.

Kityo, P.W. e Plumptre, R.A. (1997). *The Uganda Timber User's Handbook,* *a guide to better timber use.* Secretariado da Common Wealth, Londres.

Kliger, R. (2000). *Propriedades mecânicas dos produtos de madeira exigidas pelos utilizadores finais.* Actas da Conferência Mundial sobre Engenharia da Madeira, 31st julho - 3rd agosto de 2000. Whilstler, Canadá.

Kretschmann, D. E. e Green, D. W. (1999). *Mechanical Grading of Oak Timbers (Classificação mecânica de madeiras de carvalho).* Jornal de Materiais em Engenharia Civil. ISSN 0899-1561. Vol. 11(2): 91-97.

Kretschmann, D.E. e Green, D.W. (1996). *Modelação das relações entre o teor de humidade e as propriedades mecânicas do pinho do Sul.* Laboratório de Produtos Florestais do USDA. Ciência da madeira e das fibras, 28(3): 320-337.

Kumar, S., Dungey, H. S. e Matheson, A. C. (2006). *Parâmetros genéticos e estratégias para o melhoramento genético da rigidez em pinheiro Radiata.* Silvae Genetica 55, 2 (2006) 77-84.

Larsson, D. Ohlsson, S. Perstorper, M., e Brundin J. (2004). *Mechanical properties of sawn timber from Norway spruce (Propriedades mecânicas da madeira serrada de abeto da Noruega).* Springer Berlin / Heidelberg.

Lavers, G. M. (1993). *The strength properties of timbers (As propriedades de resistência da madeira).* 3rd Edition, revisto por G.L. Moore Building Research Report, Watford.

Leicester, R.H. (2002). *Future diretions of Timber Engineering Research (Direcções futuras da investigação em engenharia da madeira). CSIRO Division of Building, Construction and Engineering.* NZ Timber Design Journal, Número 4, Volume 11.

Llic, J., Northway, R. e Pongracic, S. (2003). *Caraterísticas, efeitos e identificação da madeira juvenil: revisão da literatura.* Relatório da Corporação de Investigação e Desenvolvimento de Produtos Florestais e de Madeira, Projeto PN02.1907. Corporação de Investigação e Desenvolvimento de

Produtos Florestais e de Madeira, Melbourne, Austrália.

Mackenzie, R. K. T., Smith, R. S. e Fairfield, C.A. (2005). *Novas direcções para os NDT na silvicultura. Insight - Non-Destructive Testing and Condition Monitoring.* Journal of British Institute of non-destructive testing 47(7): 416 - 420.

Madsen, B. (1992). *Structural Behaviour of Timber (Comportamento estrutural da madeira).* Timber Engineering Limited, Vancouver, BC, Canadá.

Magembe, K. (2004). *Investigação da resistência à flexão da madeira de pequeno diâmetro do Eucalipto Juvenil do Uganda.* Relatório de projeto de final de ano não publicado. Faculdade de Tecnologia, Universidade de Makerere, Kampala.

McAlister, R.H., Powers, H.R., e Pepper, W.D. (2000). *Propriedades mecânicas da madeira do tronco e da madeira dos membros de Loblolly Pine do pomar de sementes.* Forest Products Journal. 50(9): 91-94.

Mettem, C.J. (1986). *Design e tecnologia de madeira estrutural.* Associação de Investigação e Desenvolvimento da Madeira. Longman Scientific & Technical.

Mishnaevsky, L., Freere, P., Sharma, R., Brondstedl, P., Qing1,H., Bechl, J.I., Sinha, R., Acharya, P., e Evans, R. (2009). *Resistência e fiabilidade da madeira para os componentes de turbinas eólicas de baixo custo: Computational and Experimental Analysis and Applications.* Wind Engineering Volume 33, NO. 2, 2009 PP 183-196.

Mugabi, P., Banana, A.Y. e Eikenes, B. (2005). *Diferenças na densidade básica e nas propriedades de resistência de Milicia excelsa, Maesopsis eminii, Cynometra alexandri e Celtis gomphophylla da floresta de Budongo, Uganda.* Jornal de Ciências Agrícolas do Uganda. Vol. 11 (1): 2-8.

Mulokwe, M. C. (2005). *Investigação da resistência da madeira de pequeno diâmetro de eucalipto juvenil revestida a aço.* Relatório de projeto do último ano não publicado. Faculdade de Tecnologia, Universidade de Makerere, Kampala.

Nolan, G. (1994). *A cultura da utilização da madeira como material de construção na Austrália.* Apresentado na Pacific Timber Engineering Conference em 1994. *Departamento de Arquitetura, Universidade da Tasmânia.*

Odokonyero, G. G. 0. (2005). *Estudo de caso de exploração florestal; produção de madeira serrada a céu aberto em florestas naturais do Uganda.* Publicação da FAO.

Odokonyero, G., (1998). *Densidade básica e algumas propriedades de resistência de Pinus Caribaea, Pinus Kesiya, e Pinus Oo carpa, cultivados em Katugo Uganda.* Dissertação de mestrado não publicada. Tese de mestrado não publicada, Universidade de Agricultura de Sokoine, Morogoro.

Ozelton. E. C., e Baird, J. A. (2002). *Manual dos projectistas de madeira.* 3rd Edition. Blackwell Publishing.

Phillips, G.E., Bodig, J, e Goodman, J.R. (1981). *Analogia entre fluxo e grão.* Wood Science Journal. 14:55 - 64.

Piazza, M. e Riggio, M. (2008). *Classificação visual da resistência e NDT da madeira em estruturas tradicionais.* Journal of Building Appraisal. Vol. 3(4): 267-296.

Rais, A., Stapel, P. e Kuilen J.W.G., van de Kuilen (2010). *A influência do tamanho e da localização dos nós no rendimento das máquinas de classificação. The Future of Quality Control for Wood and Wood Products,* 4 - 7 de maio de 2010, Edimburgo. Conferência Final da Ação COST E53.

Rajput, S.S., Gupta, Y.K. e Lohani, R.C. (1980J. *A study of effect of knot on the strength of timber.* Journal of the Indian Academy of Wood Science. 11(1): 8 -15.

Ranta-Maunus, A. (1999). *Madeira redonda de pequeno diâmetro para* *construção.* Relatório final do projeto FAIR CT 95-0091. VTT, Centro de Investigação Técnica da Finlândia. Publicação VTT 383.

Santos, J. A. e Pinho, A. C. M. (2004). *Novos avanços para a aplicação do Eucalipto como madeira estrutural. Silva Lusitana* 12(1): 43 - 50, Lisboa.

Programa de subvenções para a produção de toros de madeira (2007). *Espécies de árvores para produção comercial de madeira* e onde *crescem melhor no Uganda.* Diretrizes para as plantações n.ºs 5 e 6 - junho de 2007.

Sekaran, U. (2003). *Métodos de investigação para empresas - uma abordagem de desenvolvimento de competências.* 4th Edition. Nova Iorque, NY: John Wiley & Sons, Inc.

Serrano, E. (2000). *Juntas adesivas na engenharia da madeira - Modelação e ensaio das propriedades de fratura.* Dissertação de Doutoramento, Instituto de Tecnologia de Lund, Lund.

Sseremba, O. (2010). *Propriedades da madeira e gestão da madeira nas oficinas de mobiliário do Uganda.* ISBN No.: 978-3-639-30909-6.

Stern, R.D., R. Coe, Allan, E.F. e Dale, I.C. (2004). *Good Statistical Practice for Natural Resources Research.* CAB International.

Tack, C. H. (1969). Uganda timbers: a list of the most common Uganda timbers and their properties. República do Uganda, Departamento Florestal.

Teofisto, C. e Saralde, Jr. (2003). *Projeto Experimental e Programa de Ensaios para Estabelecer Graus de Tensão em Máquinas.* Trabalho apresentado durante o Workshop Internacional sobre o Desenvolvimento e Implementação de Regras de Classificação de Tensões da Madeira para Madeiras Tropicais: The Philippine Experience, realizado de 19 a 21 de novembro de 2003.

Thelandersson, S. e Hansson, M. (1999). *Fiabilidade dos sistemas estruturais de madeira - efeitos da variabilidade e da inomogeneidade.* Divisão de Engenharia de Estruturas. Universidade de Tecnologia de Lund, Lund.

Thelandersson, S. e Larsen, H. J. (2003) (Editores). *Timber Engineering.* John Wiley & Sons.

Tindiwensi, D. (2006). *An Investigation of the Uganda Construction Industry (Uma Investigação da Indústria de Construção do Uganda).* Tese de doutoramento. Faculdade de Tecnologia, Universidade de Makerere, Kampala.

Trochim, W., M.,K. (2006). *Research Methods Knowledge* **Base.** http://www.socialresearchmethods.net/kb/ethics.php acedido em 10 de julho de 2011.

Tsehaye, A, Buchanan, A.H. e Walker. J.C.F. (2000). *Seleção de toros utilizando a acústica.* Journal of Wood Science and Technology Vol. 34: 337-344.

Tsehaye, A., Buchanan A.H. e J.C.F. Walker. (1995a). *Variação da rigidez e da resistência à tração dentro e entre pinheiros Radiata.* Journal of the Institute of Wood Science 13(5):513-518.

Tsehaye, A., Buchanan, A.H., Meder, R. Newman, R.H. e Walker J.C.F. (1995b). *A comparison of density and stiffness for predicting wood quality or Density: The lazy man's guide to wood quality.* Journal of the Institute of Wood Science. 13(6):539-543.

Tsehaye, A., Buchanan, A.H., Meder, R., Newman, R. H. e Walker, J.C.F. (1998). *Ângulo microfibrilar: determinação da rigidez da madeira de pinho radiata. Christchurch, Nova Zelândia: Actas do Workshop Internacional IAWA/IUFRO sobre o ângulo microfibrilar da madeira,* 1998. 323336.

Twesigye-omwe, M.N. (2010). *Propriedades de resistência em função da microestrutura de madeiras selecionadas do Uganda.* Tese de doutoramento não publicada, Universidade de Makerere.

Unterwieser, H., e Schickhofer, G. (2007). *Pré-classificação da madeira serrada em estado verde.* Conferência COST E 53 - Controlo da Qualidade da

Madeira e dos Produtos de Madeira. 15 a 17 de outubro de 2007, Varsóvia, Polónia.

Serviço Florestal do USDA (1999). *Manual da madeira. A madeira como material de engenharia.* Relatório Técnico Geral FPL-113. Serviço Florestal do USDA, Laboratório de Produtos Florestais, Madison, WI D. W. Green 4.

Walker, J.C.F. e Butterfield, B.G. (1996). *A importância do ângulo das microfibrilhas para as indústrias transformadoras.* New Zealand Journal of Forestry 40(4): 34-40.

Wang, X., Ross, R.J., Green, W.D., Englund, K. e Wolcott, M. (2000). *Non Destructive Evaluation for Sorting Red Maple Logs (Avaliação não destrutiva para a seleção de toros de bordo vermelho).* Laboratório de Produtos Florestais, Serviço Florestal do USDA.

Yiga, V. (2008). *Resistência à compressão da madeira roliça de Eucalyptus grandis em diferentes idades.* Relatório de Projeto do Último Ano não publicado. Faculdade de Silvicultura e Conservação da Natureza, Universidade de Makerere, Kampala.

Zziwa, A. (2004). *Uma investigação das propriedades físicas e mecânicas de algumas madeiras menos conhecidas do Uganda utilizadas na construção. Dissertação* de mestrado não publicada. Tese de Mestrado não publicada. Faculdade de Silvicultura e Conservação da Natureza, Universidade de Makerere, Kampala.

Zziwa, A., Bukenya, M., Sseremba, O. E. e Kyeyune, R.K. (2006a). *Espécies de árvores não tradicionais utilizadas na indústria do mobiliário no distrito de Masaka, no centro do Uganda.* Jornal de Ciências Agrícolas do Uganda, 12(1): 29 -37 ISSN 1026-0919.

Zziwa, A., Kaboggoza J.R.S., e Mwakali, J.A. (2011). *Propriedades físicas e mecânicas de espécies de madeira menos conhecidas. Poderão as madeiras menos conhecidas emergentes ser melhores materiais estruturais do que as* *madeiras tradicionais bem conhecidas?* **LAP Lambert Academic Publishing** ISBN 978-3-8465-5220-9,

Zziwa, A., Kaboggoza J.R.S., Mwakali, J.A., Banana A.Y., e Kyeyune, R.K. (2006). *Propriedades físicas e mecânicas de algumas espécies de árvores de madeira tropical menos utilizadas que crescem no Uganda.* Jornal de Ciências Agrícolas do Uganda, 12(1): 57-66 ISSN 1026-0919.

Zziwa, A., Ziraba, Y.N. e Mwakali, J.A. (2009). *Práticas de utilização da madeira na indústria da construção civil do Uganda: situação atual e perspectivas futuras.* Jornal do Instituto de Ciência da Madeira Vol 19. © The Wood Technology Society of the Institute of Materials, Minerals and Mining 2009. DOI: 10.1179/002032009X12536100262475.

Zziwa, A., Ziraba, Y.N. e Mwakali, J.A. (2010). *Propriedades de resistência de madeiras selecionadas do Uganda.* Revista Internacional de Produtos de Madeira. 2010 Vol.1(1): 21- 27. A Sociedade de Tecnologia da Madeira do Instituto de Materiais, Minerais e Minas. DOI 10.1179/002032010X12759166444887.

Anexo 1:

Resistência média e densidade básica das madeiras investigadas

Resistência Média (N/Mm^2) e Densidade Básica (Kg/M3) para as madeiras investigadas

Species name		MOR	MOE	Compression parallel to grain	Shear parallel to grain	Basic density
Scientific name	Local/Trade name					
Albizia coriaria	Mugavu	*45.8*	*5760*	35.11	9.82	567
		(13.4)	*(1403)*	(7.22)	(1.46)	(58)
Albizia zygia	White Nongo	*54.5*	*8124*	38.62	7.20	480
		(9.39)	*(1572)*	(7.50)	(2.35)	(67)
Blighia unijugata	Nkuzanyana	*48.5*	*9754*	35.43	11.79	536
		(8.86)	*(1528)*	(9.93)	(2.59)	(29)
Celtis mildbraedii	Lufugo	*77.1*	*13230*	41.55	13.02	569
		(11.18)	*(1219)*	(8.52)	(2.56)	(23)
Eucalyptus grandis	Kalitunsi	*33.9*	*8207*	29.69	8.18	526
		(14.36)	*(1567)*	(7.94)	(2.98)	(34)
Lovoa brownii	Nkoba	*46.2*	*9065*	36.36	12.06	514
		(12.78)	*(1821)*	(7.94)	(2.42)	(32)
Maesopsis eminii	Musizi	*27.9*	*8569*	26.94	7.79	407
		(7.83)	*(1110)*	(7.04)	(1.19)	(17)
Uapaca guineensis	Namagulu	*61.2*	*9320*	34.0	8.42	558
		(10.59)	*(1835)*	(7.90)	(1.13)	(43)
Pinus caribaea	Pine	*26.9*	*7810*	26.33	9.67	383
		(6.32)	*(1343)*	(5.53)	(1.14)	(15)
Morus lactea	Mukooge	*77.3*	*13,440*	58.45	9.445	595
		(11.49)	*(1516)*	(7.22)	(1.78)	(28)
Khaya anthotheca	Ugandan Mahogany	*50.3*	*9388*	35.57	7.37	481
		(9.04)	*(1733)*	(7.33)	(1.123)	(9)
Markhamia lutea	Nsambya	*43.9*	*7970*	31.74	7.534	427
		(5.36)	*(1276)*	(5.59)	(0.873)	(27)
Piptadeniastrum africanum	Mpewere	*48.7*	*10,702*	39.47		467
		(7.54)	*(715)*	(6.06)	**	(26)
Funtumia elastica	Nkago	*23.8*	*5612*	20.16	7.33	322
		(6.55)	*(1044)*	(4.797)	(2.444)	(23)
Aningeria altissima	Enkalati	*38.1*	*6161*	28.07	8.5	402
		(6.04)	*(1373)*	(9.65)	(1.78)	(20)
Albizia gummifera	Red Nongo	*43.7*	*9496*	40.11	8.27	410
		(11.47)	*(1291)*	(10.73)	(2.17)	(29)
Entandrophragma angolense	Mukusu	*34.6*	*7482*	25.90	8.814	475
		(5.9)	*(1093)*	(5.70)	(1.231)	(42)

Todos os valores são cotados a 12% MC, os valores entre parêntesis são desvios-padrão.

** A capacidade de carga do UTM foi excedida, pelo que não foram captados dados.

Os valores entre parênteses são os desvios-padrão.

Anexo 2:

Classes e propriedades de resistência da madeira propostas

Classe de força	MOR admissível (N/mm)^2	5th Percentil MOR (N/mm)^2	MOE médio (N/mm)^2
SG4	4	10.60	5710
SG8	8	21.20	8148
SG12	12	31.80	9710
SG16	16	42.40	11898

Anexo 3:

Funcionamento e precauções na utilização da máquina de protótipos NDE

Modo de funcionamento

O modo de funcionamento da máquina de classificação é o seguinte

1. Colocar os suportes num vão pré-determinado que varia entre 0,9 m e 1,2 m.
2. Colocar o provete a ensaiar sobre os dois suportes.
3. Montar a balança de carga, colocá-la no suporte ligado ao parafuso de carga e deixá-la tocar na madeira; neste momento, a balança deve estar regulada para ler zero quilogramas.
4. Colocar o paquímetro digital em contacto com o fundo da madeira e colocá-lo em zero.
5. Comece a carregar suavemente, a carga e a deflexão aumentarão proporcionalmente.
6. Ler e registar a carga e a deformação correspondente.
7. Mudar a amostra e repetir os procedimentos (3) a (6).
8. Tabule os seus resultados e calcule os parâmetros necessários.

Precauções

As seguintes medidas de precaução devem ser tomadas durante a utilização da máquina de classificação da madeira para garantir resultados exactos e fiáveis

1. Assegurar-se sempre de que o paquímetro e a balança estão regulados para a leitura zero antes de iniciar um novo teste.
2. A máquina de classificação foi concebida para medir com precisão uma carga máxima de 150 kg e uma deflexão máxima de 100 mm e só pode fornecer resultados exactos dentro destes limites.
3. Durante o carregamento, o ecrã da balança digital pisca e hiberna. Deve ser despertado por uma ligeira pancada na parte superior da balança. Note-se que isto é predefinido pelo fabricante e, por conseguinte, não afecta a precisão da leitura da carga.
4. Antes de carregar o provete, certifique-se de que não existe qualquer folga entre o compasso e a amostra; caso contrário, poderá efetuar leituras erradas, especialmente da deflexão.

Anexo 4:

Dados de teste-reteste para o protótipo NDE

Espécime	P_{5mm} **[Kg]**	P_{5mm} **[Kg]**	**Semelhanças**
	Teste	**Teste R**	1-Sim, 0=Não
P1	35.5	45.7	0
P2	46.5	46.5	1
P3	40.5	40.5	1
P4	39.5	50.5	0
P5	40.5	57.3	0
P6	52.5	52.5	1
P7	57.5	60.4	0
P8	64.5	64.5	1
P9	74.5	82.0	0
P10	33.4	33.4	1
P11	43.7	43.7	1
P12	38.1	38.1	1
P13	37.1	37.1	1
P14	43.0	43.0	1
P15	49.4	49.4	1
P16	54.1	54.1	1
P17	60.6	60.6	1
P18	70.0	70.0	1
P19	67.0	63.5	0
P20	46.0	46.0	1
P21	45.0	45.0	1
P22	53.5	53.5	1
P23	45.7	43.0	0
P24	38.5	38.5	1
P25	45.0	45.0	1
P26	43.2	43.2	1
P27	45.0	50.7	0
P28	42.8	42.8	1
P29	45.4	45.4	1
P30	50.0	39.7	0
Total de semelhanças			**21**
Total de testes Vs Repetições de testes			**30**
% de consistência			**70%**

Printed by Books on Demand GmbH, Norderstedt / Germany